Licensing kompakt

Stefanie Brandt

Licensing kompakt

Praxisleitfaden für Lizenzgeber und -nehmer

Springer Gabler

Stefanie Brandt
München
Deutschland

ISBN 978-3-8349-4068-1 ISBN 978-3-8349-4069-8 (eBook)
DOI 10.1007/978-3-8349-4069-8

Die Deutsche Nationalbibliothek verzeichnet diese Publikation in der Deutschen Nationalbibliografie; detaillierte bibliografische Daten sind im Internet über http://dnb.d-nb.de abrufbar.

Springer Gabler

Lektorat: Manuela Eckstein
Einbandentwurf: KünkelLopka GmbH, Heidelberg

Gedruckt auf säurefreiem und chlorfrei gebleichtem Papier

Springer Gabler ist eine Marke von Springer DE. Springer DE ist Teil der Fachverlagsgruppe Springer Science+Business Media.
www.springer-gabler.de

Vorwort

Licensing beschäftigt mich seit mehr als einem Jahrzehnt. Und noch immer überraschen mich einzelne Lizenzkooperationen, weil sie neuartig sind oder unerwartete Partner zusammenbringen. Durch die schier unendliche und ständig weiter wachsende Anzahl von Lizenzthemen entstehen genauso unendlich viele Möglichkeiten der Lizenzierung. Die Lizenzbranche steht nie still, sondern entwickelt sich permanent weiter – genau das ist es, was Licensing für mich nach wie vor so spannend macht.

Es war eine Herausforderung, die Essenz über Licensing auf eine sehr begrenzte Anzahl an Buchseiten zu bannen. Die vielen Facetten dieses Geschäfts haben diese Aufgabe alles andere als leicht gemacht. Am Ende ist mir dann doch irgendwie gelungen, ein Manuskript in der vorgegebenen Länge fertigzustellen, das einen Überblick über das Marketingthema Licensing gibt und alle wesentliche Aspekte abdeckt. Meine wichtigste eigene Vorgabe war es dabei, anhand von möglichst vielen Beispielen aus der Praxis das Geschriebene auch für Leser, die sich anhand dieses Buches zum ersten Mal mit Licensing beschäftigen, leicht verständlich zu machen.

Ein Fachbuch zu schreiben ist eine sehr arbeits- und zeitintensive Abgelegenheit. Aus diesem Grund möchte an dieser Stelle besonders meiner Familie und meinen Freunden für ihre Nachsicht danken, wenn ich mich in den vergangenen Monaten immer wieder in meinem Arbeitszimmer eingeschlossen habe. Ohne Eure großartige Unterstützung hätte ich dieses Buch nicht schreiben können!

Ein besonderes Dankschön möchte ich des Weiteren an *Dr. Ursula Feindor-Schmidt* richten, mit der ich, wie bereits bei meinem ersten Buch, die Abschnitte über die Grundbegriffe und die juristischen Fragen des Lizenzgeschäfts gemeinsam verfasst habe.

Einen wichtigen Anteil an diesem Buch haben zudem meine fleißigen Helfer und Experten: *Michaela Beck, Torsten Gryska, Silvia Kaufer, Karin Osenberg* und *Mareike Vitt.* Sie haben das Manuskript Korrektur gelesen und haben mit mir dessen Inhalte bisweilen lebhaft diskutiert. Lieben Dank dafür!

Abschließend möchte ich auch meiner Lektorin *Manuela Eckstein* für die tolle und vor allem so unkomplizierte Zusammenarbeit danken!

München, im Mai 2012

Stefanie Brandt

Inhalt

1 Einleitung

Licensing ist nicht einfach nur ein weiterer Trend aus den USA, der irgendwann nach Deutschland geschwappt ist. Die Ursprünge des Licensing, des Geschäftes mit Lizenzthemen, lassen sich dennoch nicht genau zurückdatieren, und bis heute gibt es nur sehr wenig Literatur darüber. Man weiß aber, dass schon im Mittelalter Lizenzen an Steuereintreiber vergeben wurden, die gegen Zahlung von Lizenzgebühren an die Kirche im Namen des Vatikans Geld von den Gläubigen einziehen durften. Bekannt ist außerdem, dass schon im 18. Jahrhundert zwei Damen des britischen Adels ihren Namen für dessen Verwendung auf Kosmetika zur Verfügung stellten und dafür einen Anteil der Umsätze als Gegenleistung erhielten – so in etwa funktioniert Licensing auch heute noch.[1]

Das Lizenzgeschäft in Deutschland und Europa wurde schon immer stark von den USA beeinflusst. Die USA sind schließlich das Mutterland der Filmindustrie und dominieren diese Brache bis heute. Die US-Unterhaltungsindustrie gilt auch als Vorreiter des Lizenzgeschäfts. So erwarben die Produzenten der ersten beiden Zeichentrickfilme überhaupt, *Alice's Wonderland* (1923) und *Oswald – The Lucky Rabbit* (1927), von deren Urheber *Walt Disney* alle Nebenrechte und vergaben diese in Form von Lizenzen an Dritte.[2] Auch wenn *Walt Disney* damals nur wenig am kommerziellen Erfolg seiner Figuren partizipierte, so gilt er heute jedoch als einer der Pioniere des Lizenzgeschäfts. Sein erster eigener Film *Steamboat Willie* (1928) – mit der heute so bekannten Figur *Mickey Mouse* – wurde nämlich durch Lizenzeinnahmen refinanziert. *Mickey Mouse* erschien damals u.a. als Comic-Strip in Tageszeitungen und in Buchform. Und wohl auch weil in den USA kein öffentlich-rechtliches Fernsehen existiert, suchten hier Filmproduzenten schon früh nach Möglichkeiten, ihre Produktionskosten über gewinnbringende Kooperationen zu decken. Die Verwertung von Nebenrechten[3] spielt seitdem eine wichtige Rolle – sie überflügelt manchmal sogar die Umsätze von Filmproduktionen.

Hierzulande erkannten erste Unternehmen Mitte des 19. Jahrhunderts, dass Maßnahmen, die ein Produkt emotionalisieren, dieses attraktiver für den Konsumenten werden lassen, weil es so aus der Masse vergleichbarer Angebote heraussticht. Der Süßwarenfabrikant *Stollwerk* legte z.B. seinen Produkten Sammelbilder bei und erweiterte sein Angebot um dazu passende Sammelalben. Während anfangs hauptsächlich gemeinfreie[4] Bilder und solche, die eigens für verkaufsfördernde Zwecke erstellt wurden, verwendet wurden, erkannten Unternehmer bald, dass bereits beliebte Charaktere diesen Effekt noch steigern können. Es wurden Figuren aus dem damals weit verbreiteten Buch *Struwwelpeter* von *Dr. Heinrich Hoffmann* und aus *Wilhelm Buschs Max und Moritz* für Karten- und Gesellschaftsspiele lizenziert.[5] Mit der Gründung von *Merchandising München* im Jahr 1971, der ersten

---

1 vgl. *Battersby, Simon* (2010), Seite 19
2 vgl. *Maltin* in: *Böll* (1996), Seite 29
3 vgl. Kapitel 4.1.3 „Verwertungs- und Nutzungsrechte"
4 vgl. Kapitel 4.1.3 „Verwertungs- und Nutzungsrechte"
5 vgl. *Schnurrer* in: *Böll* (1996), Seite 22

deutschen Lizenzagentur, durch den Medienunternehmer *Leo Kirch* fiel schließlich auch in Deutschland der Startschuss für professionelles Licensing – wenngleich es auch schon zuvor u.a. Schallplatten zu Fernsehsendungen oder Lizenzprodukte zu den beliebten *Mainzelmännchen* des *ZDF* oder zu *Loriots Wum & Wendelin* gegeben hatte.[6]

Heute spielt Licensing in allen Bereichen der Konsumgüterindustrie und im Dienstleistungssektor eine große Rolle. Unternehmen nutzen Lizenzthemen, Prominente oder Marken anderer, um die Attraktivität ihrer Produkte für den Endverbraucher zu steigern. Insbesondere im Kinder- und Jugendbereich geht fast nichts mehr ohne Lizenzen. Eltern kennen die Diskussionen, wenn der Nachwuchs nach *SpongeBob*-Bettwäsche verlangt oder nur noch die Frühstückscerealien mag, auf deren Verpackung das Bild der *Sendung mit der Maus* prangt. Diese werden natürlich nur noch aus dem dazu passenden Geschirr gegessen. Es überrascht daher nicht, dass gerade Lizenzthemen mit Ursprung im (Kinder-)Fernsehen zu den erfolgreichsten gehören. Außerdem bauen immer mehr Unternehmen ihre eigenen Marken bewusst so auf, dass sie auch an Partner aus anderen Branchen lizenziert werden können – sei es aus finanziellen oder markenpolitischen Aspekten heraus, um z.B. eine Zielgruppenerweiterung oder eine Produktportfolio-Ergänzung zu erreichen. Und Hollywood & Co. bauen, wie bereits erwähnt, auf Lizenzeinnahmen für die Refinanzierung ihrer kostenintensiven TV- und Kinoproduktionen. Dabei beziehen sich ihre Licensing-Aktivitäten jedoch nicht nur auf Spielwaren oder Fanartikel. Es geht oftmals auch um dem „Ursprungsprodukt" Film sehr nahe Auswertungsmöglichkeiten wie DVDs, Hörspiele und Bücher, Video on Demand, Video Games oder Handy-Apps. Für alle diese Nutzungsarten werden häufig Lizenzverträge geschlossen. Aber auch bei perfekt medial vermarkteten Großevents wie den *Olympischen Spielen*, Begegnungen in der *Deutschen Fußball Liga* oder bei Konzertveranstaltungen wie *Rock am Ring* sind wir spätestens am Souvenir-Stand mit Licensing konfrontiert. Auch die offizielle Biographie oder der Fankalender über unseren Lieblingsstar sind Lizenzprodukte – ebenso wie übrigens das berühmte *Hard Rock Café*-Hotel in Las Vegas.

Vielleicht ist es überraschend, dass es auch Lizenzprodukte im Handel gibt, die weniger offensichtlich sind: Viele Marken und Modelabels bedienen sich des Licensing auf „diskrete" Art und Weise: *Adidas, Benetton, Armani* oder *Boss* produzieren viele, aber eben nicht alle Produkte mit ihren Logos darauf selbst. Stattdessen lizenzieren sie u.a. die Parfums, Sonnenbrillen, Schuhe, Regenschirme oder Reiseaccessoires ihrer Kollektionen an andere Firmen – und stellen diese demnach weder selbst her noch vertreiben sie sie. Ähnlich ist es bei den großen internationalen Spielwarenherstellern: Natürlich stellt *Mattel* ein Produkt wie ein *Barbie*-Klavier nicht selbst her! Und auch andere namhafte Spielzeugfabrikanten wie *Hasbro, LEGO, Playmobil, Bandai* & Co. vergeben Lizenzen an Hersteller anderer Warenbereiche, in denen sie selbst nicht aktiv sind, und verfügen sogar über eigene Lizenzabteilungen und/oder arbeiten mit externen Lizenzagenturen zusammen.

Es ist keine Überraschung, dass der nordamerikanische Lizenzmarkt der mit Abstand größte international (**Abbildung 1.1**) ist. Aber auch in den europäischen Märkten wie Großbri-

6 vgl. *Böll* (1999), Seite 22 ff.

tannien, Frankreich, Deutschland und Italien ist Licensing in der Konsumgüterindustrie nicht mehr wegzudenken. Im Verhältnis zu den USA ist der deutsche Lizenzmarkt allerdings (noch) klein. Und auch die Märkte in Großbritannien und Frankreich sind viel stärker von lizenzierten Produkten durchdrungen als der Markt hierzulande.

Abbildung 1.1 Nationale Anteile am weltweiten Umsatz mit Lizenzprodukten[7]

Land	Anteil Umsatz in %
USA/ Kanada	64,5%
Westeuropa	22,4%
Japan	6,7%
Australien/ Neuseeland	2,4%
China	1,7%
Latein Amerika	1,2%
Südasien	0,8%
Osteuropa	0,4%

Aber auch in Deutschland steigt die Bedeutung des Licensing stetig an. Rund 250 Branchenakteure (Lizenzgeber, Lizenzagenturen, Lizenznehmer, Handelsunternehmen und Dienstleister) sind in der hiesigen Repräsentanz des weltweit agierenden Licensing-Organisation *LIMA*[8] organisiert, die im Jahr 2000 gegründet wurde. Hinzu kommen zahlreiche Unternehmen, die auch im Licensing tätig, aber nicht offiziell organisiert sind. Die nach Umsatz gemessen größte Lizenzproduktkategorie in Deutschland ist Bekleidung mit 20 Prozent, gefolgt von Spielwaren (19 Prozent). Die derzeit am stärksten wachsende Lizenzproduktkategorie ist der Software- bzw. Video-Games-Sektor – ein internationaler Trend.[9]

Kurzum: Licensing ist alles andere als eine weitere, vermeintlich neue Marketingmaßnahme für wenige (spezialisierte) Branchen wie z.B. die Spielwaren- oder die Bekleidungsindustrie und schon gar nicht „nur" ein Trend, der nun auch Europa erreicht hat. Vielmehr wird Licensing schon lange weltweit professionell für fast alle Endverbraucherprodukte und -services eingesetzt, um Umsätze sowohl bei Lizenzgebern, bei Lizenznehmern und beim Handel anzukurbeln.

---

7 vgl. *TLL – The Licensing Newsletter* (2009)
8 LIMA = International Licensing Industry Merchandiser's Association (Hauptsitz: New York/USA)
9 vgl. *LIMA Repräsentanz Deutschland* (2009); siehe auch Abbildung 3.4

Licensing-Basics

2 Licensing als Marketing-Tool

2.1 Licensing innerhalb des Marketing-Mix

Aus dem Englischen übersetzt bedeuten das Nomen „License" Lizenz und das Verb „to license" lizenzieren. Es geht beim Licensing allgemein gesprochen um die Verwendung von Lizenzthemen im Zusammenhang mit Produkten und Dienstleistungen, um diese durch die Nutzung von z.B. bekannten Marken, Prominenten oder Figuren von der Konkurrenz abzuheben und dadurch für den Endverbraucher attraktiver zu machen.

Licensing ist jedoch keine eigenständige Strategie, sondern vielmehr ein Teil des Marketing-Mix innerhalb einer komplexen Marketingstrategie eines Unternehmens. Dabei sind die Kernaufgaben des Marketings eines Unternehmens offensichtlich: Es geht darum, neue Leistungen anzubieten, bestehende Leistungen zu halten und zu pflegen, neue Kunden hinzuzugewinnen und natürlich auch darum, diese zu halten.[10] Sowohl für Lizenzgeber als auch für Lizenznehmer dient Licensing dabei als ein Mittel neben anderen Maßnahmen, um die strategischen Ziele des Unternehmens zu erreichen. Es verwundert daher nicht, dass das Licensing sowohl bei Lizenzgebern als auch bei -nehmern häufig von der Marketing-Abteilung verantwortet wird.

Der sogenannte **Marketing-Mix** gestaltet die operative Marketingplanung. Aus den „klassischen 4 Ps" des Marketing-Mix (Product, Price, Promotion, Place)[11] leiten sich die durchzuführenden Maßnahmen ab. Als Basis des Marketings ist der Marketing-Mix natürlich auch für Unternehmen anzuwenden, die Licensing betreiben. Maßnahmen innerhalb einzelner Teilbereiche des Marketing-Mix haben immer auch Auswirkungen auf die anderen Bereiche, so dass sie nicht isoliert betrachtet werden sollten, sondern immer im Gesamtkontext aller Marketinginstrumente.[12][13]

Licensing dient innerhalb des Marketings als ein Mittel zur Diversifikation bei funktionell austauschbaren Produkten – sowohl für Lizenznehmer und -geber als auch für Händler. Neben den physischen werden psychologische Produkteigenschaften immer wesentlicher, um sich von der Konkurrenz abzugrenzen. Sowohl für Konsumgüter und Dienstleistungen als auch im technischen und patentrechtlichen Bereich werden Lizenzen eingeräumt bzw. erworben, um das eigene Angebot an Produkten und Dienstleistungen zu ergänzen, zu vervollständigen und zu erweitern.[14] Es geht außerdem darum, die Relevanz bei der Zielgruppe zu steigern: Dies kann der Einsatz von Lizenzthemen genauso bewirken wie andere Maßnahmen, die aus dem Marketing-Mix abgeleitet und kombiniert werden können.

---

10 vgl. *Tomczak/Reineke* in: *Meffert/Burmann/Kirchgeorg* (2008), Seite 18

11 vgl. *Meffert/Burmann/Kirchgeorg* (2008), Seite 18 ff

12 vgl. *Meffert/Burmann/Kirchgeorg* (2008), Seite 22 ff.

13 vgl. *Böll* (1996), Seite 150 ff.

14 vgl. *Schäfer* (2003), Seite 15

2.2 Mit Licensing strategische Marketingziele erreichen

Das allgemeine Ziel des Marketings von Unternehmen kann u.a. Ausweitung der Markenbekanntheit oder -beliebtheit bzw. der Erfolg ihrer Produkte am Markt allgemein sein. Bedingung dafür ist, dass sich bei den Konsumenten überhaupt ein möglichst klares Image einer Lizenz oder Marke entwickeln kann.[15] Je vorteilhafter oder einzigartiger die mit einer Marke oder einem Lizenzthema verbundene Assoziation ist und je mehr leicht wiedererkennbare Schemen (Logo, Figuren, Farbwelt etc.) ein Lizenzthema aufweist, desto stärker kann es das Kaufverhalten der Endverbraucher beeinflussen.[16] Die Verbesserung oder Erreichung eines bestimmten Markenimages, das die Zielgruppe dem Lizenzthema zuschreibt, kann das Ziel eines Lizenzierungsprogramms eines Lizenzgebers sein. Sich die positive Wahrnehmung eines Lizenzthemas durch den Endverbraucher zu Nutze zu machen, um (mehr) Produkte zu verkaufen, haben hingegen Lizenznehmer meist im Sinn. Natürlich geht es dabei allen Teilnehmern am Lizenzierungsprozess insbesondere um die Steigerung von Erlösen.

Im Grunde geht es darum, wie der Endverbraucher das Lizenzthema subjektiv wahrnimmt. Durch attraktive und zum Markenkern passende Lizenzprodukte kann ein Markenimage bei den Konsumenten im Zeitverlauf geändert und/oder gefestigt werden. Aber auch **Brand Extension**, das heißt die Ausweitung der eigenen Vertriebskanäle oder Erweiterung der Produktlinien und die dadurch entstehende Markenkernerweiterung, kann ein solches Ziel sein.[17] In erster Linie dient dies der Positionierung der Marke, gleichzeitig wird aber auch die Grundlage zum Eintritt in neue Vertriebskanäle geschaffen.

Die international bekannte amerikanische Medienpersönlichkeit *Martha Stewart*, die durch Fernsehauftritte in den 80er Jahren zu einer „Expertin" für Fragen der Haushaltsführung und des Gartens in den USA avancierte, gründete zunächst ein eigenes Magazin. Nach und nach und baute sie ein umfangreiches Lizenzprogramm vorwiegend in den Produktkategorien „Food & Beverages", „Gifts & Collectibles", „Home Decor" und „Housewares" auf. Damit wurde die Marke *„Martha Stewart"* gefestigt und ausgeweitet.[18] Heute gehört *Martha Stewart* zu den erfolgreichsten Lizenzthemen weltweit – und ist die wichtigste Marke für Haushalts- und Gartenartikel überhaupt. Die Unternehmerin hat es geschafft, ihre Marke so zu positionieren, dass sie nicht nur dauerhaft am Markt Bestand hat, sondern dass sie damit auch höchstmögliche Erlöse mit eigenen Kernprodukten und Lizenzartikeln generiert.

---

15 vgl. *Esch/Wicke/Rempel* in: *Esch* (2005), Seite 46
16 vgl. *Saldsieder* (2008), Seite 95
17 vgl. *Burmann/Meffert* in: *Meffert/Burmann/Koers* (2005), Seite 196
18 vgl. *Martha Steward Living Omnimedia Inc.* (2010)

2.3 Marketingstrategien durch Nutzung von Licensing

- **Differenzierungsstrategie**
  Die Differenzierungsstrategie hat zum Ziel, sich vom Wettbewerb abzuheben. Mit Lizenzthemen kann sich ein Unternehmer von vergleichbaren Produkten anderer Anbieter abgrenzen.
  Beispiel: Puzzles mit verschiedenen *Playmobil*-Motiven hat exklusiv der Spielehersteller *Schmidt Spiele* im Angebot. Wettbewerber hingegen führen generische Themen und/oder andere Lizenzthemen.

- **Segmentierungsstrategie**[19]
  Bei der Marktsegmentierung wird der Markt nicht ganzheitlich bearbeitet, sondern in Teilen. Ein Lizenzgeber nutzt die Segmentierungsstrategie über Licensing, indem er Produkte lizenziert, die die Zielgruppe seines Themas oder dessen Beliebtheit erweitert.
  Beispiele: Ein „normaler" Joghurt wird für Kinder um ein Vielfaches interessanter, wenn auf der Verpackung *Biene Maja* zu sehen ist. Sogenannte Retro-T-Shirts z.B. der Zwieback-Marke *Brandt* generieren für den Lizenzgeber Bekanntheit und Beliebtheit in der für ihn neuen Zielgruppe der trendigen jungen Erwachsenen.

- **Profilierungs- oder Positionierungsstrategie**[20]
  Bei der Profilierungsstrategie geht es darum, ein festgelegtes Image eines Unternehmens und/oder seiner Produkte bei den Konsumenten zu festigen. Der Einsatz von Lizenzthemen kann dazu dienen, ein bestimmtes Image zu transportieren und zu etablieren.
  Beispiel: Durch die Mode-Kollektion der Musik-Ikone *Madonna* mit *H&M* im Jahr 2007 stärkte die Sängerin die Identifikation ihrer Zielgruppe mit ihr. Auch *H&M* profitierte von dieser Kooperation, da bei den Kunden unterstrichen wurde, dass das Unternehmen Trends setzt und mit angesagten Prominenten und Designern kooperiert.

- **Innovationsstrategie**
  Wenn neue Produkte eingeführt werden sollen, spricht man von einer Innovationsstrategie. Die Verwendung eines Lizenzthemas eignet sich besonders, wenn nicht langwierig eine neue Marke zusätzlich etabliert werden soll, sondern stattdessen auf ein bekanntes Lizenzthema gesetzt wird.
  Beispiel: Das Münchner Unternehmen *Comma Publications* verwendet z.B. namhafte Lizenzthemen und vertreibt damit markierte Schreibwaren bundesweit in allen relevanten Vertriebskanälen. Das Unternehmen selbst ist der Öffentlichkeit nicht bekannt. Es nutzt Lizenzen wie *Die Wilden Kerle, Disney Princess* oder *Sheepworld* bewusst als Marketing-Tool, um seine Produkte zu verkaufen.

19 vgl. *Pepels* (2002), Seite 517 f.
20 vgl. *Bea/Dichtl/Schweitzer* (1994), Seite 148 f.

3 Grundbegriffe des Licensing

Dr. Ursula Feindor-Schmidt, LL.M. und Stefanie Brandt

3.1 Licensing

In der Literatur findet sich keine allgemeingültige Definition für den Begriff „Licensing". Dies mag daran liegen, dass in der Praxis meist die Begriffe Lizenzierung, Licensing und Merchandising als Synonyme verwendet werden. Dies gilt gleichermaßen für den deutschen wie für den internationalen Sprachgebrauch.

Merchandising gilt als der Oberbegriff für sämtliche verkaufsfördernden Maßnahmen innerhalb des Marketing-Mix, die Absatz schaffen bzw. diesen ankurbeln.[21] Hierzu zählen auch Produkte, die mit einem Warenzeichen und/oder dem Design eines Lizenzthemas versehen werden, aber nicht verkauft, sondern zu Verkaufsförderungszwecken verschenkt werden. Und auch solche, die vom Lizenzgeber selbst zu diesem Zwecke hergestellt und einzeln oder in einem Paket zusammen mit seinen Produkten verkauft werden,[22] wie z.B. ein Bierglas, das es beim Kauf einer Kiste Bier dazu gibt. Ebenso zählen dazu Displays, Sonderplatzierungen, Promotions und ähnliche Maßnahmen, die vorwiegend im Handel augenscheinlich werden. Licensing dient ebenfalls der Absatzförderung und ist als Teilaspekt des Merchandisings im Gesamtkontext der absatzfördernden Maßnahmen eines Unternehmens zu sehen.[23]

Des Weiteren unterscheiden sich die Definitionen des Begriffskomplexes Licensing allgemein auch nach wissenschaftlicher Fachrichtung in der Sichtweise. Es gibt hier u.a. Variationen zwischen allgemeinen Definitionen aus Standardlexika, aus betriebswirtschaftlichem, aus juristischem oder kommunikationswissenschaftlichem Blickwinkel. Zusammengefasst kann man den Begriff „Licensing" wie folgt definieren:

> **Licensing** ist das Recht des Lizenzgebers zur kommerziellen Auswertung eines Lizenzgegenstandes durch Herstellung und Vertrieb von Waren und Dienstleistungen aller Art, die in einer Beziehung zum Lizenzthema stehen oder gebracht werden können. Es ist insbesondere das Recht, Waren und Dienstleistungen mit dem Lizenzgegenstand zu kennzeichnen und zu bewerben.
>
> Diese Kennzeichnung kann durch Symbole, Ausdrücke, Zeichen, Designs, Namen oder eine Kombination dieser Elemente zum Ausdruck gebracht werden. Dem Lizenznehmer ist es so möglich, seine Produkte identifizierbar und abgrenzbar zu gestalten.

---

21 vgl. *Pepels* (2002), Seite 533
22 vgl. *Lucci* (2010), Seite 17
23 vgl. *zu Salm* in: *Böll* (2001), Seite 128

Der **Lizenzgegenstand (Lizenzthema)** wird von einem Lizenznehmer erworben, der im Gegenzug i.d.R. eine monetäre Leistung an den Lizenzgeber zu erbringen hat. In rechtlichem Sinne resultiert die Lizenzierung aus dem ausschließlichen Recht des Urhebers, sein Werk in allen seinen Bestandteilen zu verwerten bzw. zu vermarkten. Räumt er dieses Recht einem Dritten zur Nutzung ein, spricht man von einer Lizenz. Teilweise, z.B. in Verlagsverträgen, fasst man die Lizenzierung eines Werkes in Verbindung mit Waren und Dienstleistungen, die mit dem primären Werk nicht unmittelbar in Zusammenhang stehen, unter den Begriff „Nebenrechte" zusammen.[24] [25] [26] [27]

Aus Sicht des Lizenzgebers geht es bei der Nutzung von Licensing um die Ausweitung oder Erhaltung seiner Marktposition sowie natürlich um zusätzliche finanzielle Einnahmen.[28] Der Lizenznehmer hingegen bedient sich durch den Erwerb eines Lizenzthemas einer Marketing-Maßnahme, die häufig kostengünstiger ist als die Erschaffung bzw. der Aufbau einer eigenen Marke, denn er setzt auf ein Thema, in dessen Aufbau der Lizenzgeber bereits investiert hat und i.d.R. auch weiter investieren wird.[29]

3.2 Lizenzthema

Zur Nutzung eines Lizenzthemas für Waren und Dienstleistungen überträgt ein Lizenzgeber oder eine autorisierte (Lizenz-)Agentur einzelne Nutzungsrechte an einem Lizenzthema an den Lizenznehmer. Der Lizenzgeber bleibt jedoch Inhaber des Lizenzthemas. Korrekterweise muss in diesem Zusammenhang erwähnt werden, dass aus rechtlicher Sicht der Begriff des Eigentums ausschließlich auf Sachen bezogen wird und nicht auf Rechte.

Das **Lizenzthema** ist der Gegenstand des Lizenzgeschäftes. Es gibt keine klare Definition darüber, wie oder was etwas sein muss, damit es zu einem Lizenzthema werden kann. Voraussetzung ist vor allem, dass ein potenzielles Thema eine gewisse Relevanz bei den Endverbrauchern hat, da es sich sonst nur schlecht vermarkten ließe.

Ein Lizenzthema kann beispielsweise eine Marke, eine Person, ein Kinofilm, eine TV-Serie, ein Buch, ein Event oder auch eine einzelne Figur sein.

Im Englischen wird das Lizenzthema auch **(Intellectual) Property** genannt. Diese Bezeichnung setzt sich auch im deutschen Sprachgebrauch immer mehr durch. In der Praxis werden die Begriffe Lizenzthema, Lizenz und Marke oder dessen englische Bezeichnung **Brand** sehr häufig synonym verwendet. Dies ist aus wissenschaftlicher Sicht nicht ganz korrekt, zumal der Erwerb eines Markenrechts an bestimmte Voraussetzungen geknüpft ist.

---

24 vgl. *Pepels* (2002), Seite 459
25 vgl. *Pepels* (2002), Seite 459
26 vgl. *Saldsieder* (2008), Seite 26
27 vgl. *Böll* (2001), Seite 22
28 vgl. Kapitel 6.6 „Lizenzgebühren und Garantiesummen"
29 vgl. *Brooke/Skilbeck* (1994), Seite 47

Jedes Lizenzthema basiert auf einer durch Urheber-, Marken-, Titel-, Geschmacks-, Gebrauchsmuster oder sonstiges Recht geschützten Schöpfung einer Person oder eines Unternehmens. Diese erhalten durch den speziellen rechtlichen Schutz ein **Ausschließlichkeitsrecht**, also das alleinige Recht zur Verwertung dieser Schöpfung. Lizenzthemen werden eingesetzt, um die Nachfrage der Endverbraucher zu beeinflussen und durch ihren Einsatz den Absatz zu erhöhen. Je positiver die Einstellung des Endverbrauchers gegenüber dem Lizenzthema, desto höher ist die Wahrscheinlichkeit, dass er mit dem Lizenzthema markierte Produkte erwerben wird.

Der finanzielle Wert eines Lizenzthemas basiert auf dessen Bekanntheit, dessen Image und dessen Beliebtheit in der Zielgruppe.[30]

Hinzu kommt die **Positionierung** bzw. **„Identität"** oder **„Persönlichkeit" eines Lizenzthemas.** Die Positionierung ist eine Art Soll-Image, das der Lizenzgeber in allen Kommunikationsmaßnahmen inklusive des Designs und der Vertriebskanäle der Lizenzprodukte zu einem Lizenzthema umzusetzen versucht, um dessen Charakter zu prägen und um sich dadurch vom Wettbewerb abzuheben.[31] [32]

Die Positionierung sollte glaubhaft und nicht zu konstruiert sein, so dass der Endverbraucher zur Lizenz Vertrauen aufbauen kann und sie wertschätzt, was wiederum den Wert der Lizenz steigert.[33] Idealerweise verfügt eine Lizenz über einen sogenannten **added Value**, einen Zusatznutzen, der sie in den Augen der Konsumenten besonders stark von vergleichbaren Themen und damit markierten Produkten abhebt und zur Kaufentscheidung führt.[34] Je eindeutiger die Positionierung des Lizenzthemas und je schlüssiger und in sich stimmig die Botschaft ist, die es über die verschiedenen Kommunikationskanäle aussendet, desto größer sind seine Erfolgschancen im Markt. All diese Attribute zusammen bilden die Basis für die Loyalität der Zielgruppe, also deren Bindung, Zufriedenheit und Vertrauen zum Lizenzthema, die alle ebenfalls den Wert eines Lizenzthemas erhöhen.

Es ist schwierig, eine Lizenz am Reißbrett zu planen, da viele nicht planbare Variablen, wie z.B. plötzlich auftretende Trends oder sich ändernde Konsumentenpräferenzen, mit hineinspielen. Auch Veränderungen der allgemeinen wirtschaftlichen Lage oder der Grundstimmung in der Bevölkerung können Einfluss auf die Beliebtheit eines einzelnen Lizenzthemas haben. Weil ein Lizenzthema eine gewisse „Persönlichkeit" hat, emotionalisiert es den Konsumenten. Diese Emotionalisierung kann dazu beitragen, ein Lizenzthema in das Lebensumfeld des Endverbrauchers zu integrieren. Sie kann aber auch zum Gegenteil führen, so dass das Lizenzthema abgelehnt wird. Je größer die (positive) „emotionale Schubkraft"[35] eines Lizenzthemas ist, desto wertvoller ist sie für den Lizenzgeber und auch für den Lizenznehmer, der sie nutzt.

---

30 vgl. *Zatloukal* (2002), Seite 22 f.
31 vgl. *Engh* (2006), Seite 74
32 vgl. *Meffert/Burmann* in: *Meffert/Burmann/Kirchgeorg* (2008), Seite 361
33 vgl. *Schindler* (2008), Seite 12
34 vgl. *Meffert/Burmann/Koers (Hrsg.)* (2005), Seite 9
35 vgl. *Schindler* (2008), Seite 21

3.3 Marke

Im praktischen Umgang mit dem Licensing begegnet man auf Schritt und Tritt der Bezeichnung **Marke** bzw. deren englischer Entsprechung **Brand** als Synonym für Lizenzthemen, denn Lizenzgeber und Lizenzagenturen preisen ihre Lizenzen gern als Marken an. Aus wirtschaftswissenschaftlicher Sicht ist es daher sinnvoll, auch den Begriff der Marke im Rahmen dieses Buches zu definieren:

> Im **wirtschaftswissenschaftlichen Sinne ist eine Marke** *„ein Nutzenbündel mit spezifischen Merkmalen, die dafür sorgen, dass sich dieses Nutzenbündel gegenüber anderen Nutzenbündeln, welche dieselben Basisbedürfnisse erfüllen, aus Sicht der relevanten Zielgruppen nachhaltig differenziert“*[36].
>
> Des Weiteren gibt es noch die **juristische Markendefinition**[37] nach § 3 MarkenG: Danach können als Marke *„alle Zeichen, insbesondere Wörter einschließlich Personennamen, Abbildungen, Buchstaben, Zahlen, Hörzeichen, dreidimensionale Gestaltungen einschließlich der Form einer Ware oder ihrer Verpackung sowie sonstige Aufmachungen einschließlich Farben und Farbzusammenstellungen geschützt werden, die geeignet sind, Waren oder Dienstleistungen eines Unternehmens von denjenigen anderer Unternehmen zu unterscheiden.“*

Das Nutzenbündel der wirtschaftswissenschaftlichen Definition der Marke, die auf Lizenzthemen allgemein übertragbar ist, setzt sich aus physisch-funktionalen und symbolischen Komponenten zusammen. Die **physisch-funktionalen Komponenten** spiegeln die Innovationsfähigkeit des die Marke verwendenden Produktes wider. **Symbolische Nutzenkomponenten** sind die schutzfähigen Zeichen der Marke wie z.B. Name oder Logo, aber auch die nicht schutzfähigen Elemente, die das Wesen der Marke beschreiben. Die wichtigsten Aspekte, die eine Marke ausmachen, werden auch als **Core Brand Values** bezeichnet. Je einzigartiger und langfristiger diese Core Brand Values angelegt ist, desto größer die Chance auf Abgrenzung von konkurrierenden Angeboten. Das Nutzenbündel einer Marke bzw. eines Lizenzthemas insgesamt wird vom Konsumenten als dessen (Marken-)Image wahrgenommen. Beim **Markenmanagement** des Lizenzgebers geht es darum, das Image des Lizenzthemas derartig zu beeinflussen, dass es für den Endverbraucher sympathisch ist, so dass er möglichst damit markierte Produkte erwirbt.[38] [39]

Der oben dargestellten Definition des Begriffes Marke folgend kann ein Lizenzthema durchaus als Marke betrachtet werden, denn auch eine Lizenz besteht aus physisch-funktionalen wie auch symbolischen Komponenten. Auch allgemein kann das, was in der Literatur über Marken und Markenmanagement geschrieben wird und wurde, auf Lizenzthemen, deren Aufbau und Pflege sowie deren Einsatz als Marketing-Tool innerhalb einer Marketingstrategie angewendet werden.

---

36 vgl. *Burmann/Blinda/Nitschke* in: *Meffert/Burmann/Koers* (2005), Seite 7
37 vgl. Kapitel 4.1.5 „Markenanmeldung“
38 vgl. *Meffert/Burmann/Koers* (2005), Seite 7
39 vgl. *Keller* in: *Esch* (2005), Seite 88

3.4 Lizenzgeber

Der **Lizenzgeber**, auch als **Rechteinhaber** bezeichnet, ist der Inhaber eines Lizenzthemas. Er besitzt rechtlich nachvollziehbar alle Rechte an dem Lizenzgegenstand und ist daher berechtigt, zum einen eine (Lizenz-)Agentur für die Verwertung der Nutzungsrechte an seinem Lizenzthema zu beauftragen und zum anderen selbst einzelne Rechte zu seinem Lizenzthema zu veräußern.

Selbstverständlich kann der Lizenzgeber auch sämtliche Rechte an einem ihm gehörenden Lizenzthema komplett veräußern.

Abbildung 3.1 Top Lizenzgeber weltweit 2010[40]

	Lizenzgeber	Lizenzthemen	Handelsumsatz in Mrd. US-$
1	DISNEY CONSUMER PRODUCTS	u.a. Hannah Montana, High School Musical, Cars, Disney Fairies, Disney Princess, Toy Story	28,6
2	ICONIX BRAND GROUP	Peanuts sowie Mode- und Heimmarken wie z.B. London Frog, Rocawear, Material Girl	12,0
3	PHILIPPS-VAN HEUSEN	u.a Calvin Klein, Tommy Hilfiger, Arrow, Izod, Van Heusen (Modemarken)	8,7
4	MATTEL	u.a. Barbie, Hot Wheels, Monster High, Fisher Price, Max Steel	7,0
5	WARNER BROS. CONSUMER PRODUCTS	u.a. Batman, Looney Tunes, Harry Potter, Scooby-Doo, Green Lantern, Tom und Jerry	6,0
6	MARVEL ENTERTAINMENT	u.a. Iron Man, Hulk, Spider-Man, X-Men (Marvel ist seit Herbst 2009 Teil des Disney Konzerns)	5,6
7	NICKELODEON CONSUMER PRODUCTS	u.a SpongeBob Schwammkopf,iCarly, Dora the Explorer, VIVA, MTV, Ni Hao - Kai-Lan	5,5
8	SANRIO	u.a. Hello Kitty, My Melody, Badtz-Maru	5,0
9	MLB - MAJOR LEAGUE BASEBALL	u.a New York Yankees, Chicargo White Sox, Texas Rangers, San Francisco Giants	5,0
10	THE COLLEGIATE LICENSING COMPANY	U.a. Boston College, University of California Berkeley, Stanford University, UCLA, University of Notre Dame	4,3

Die **Urheberschaft** an einem Lizenzthema hingegen kann nicht veräußert werden, diese verbleibt beim Schöpfer des Lizenzthemas, dem **Urheber**. Urheber und Lizenzgeber müssen jedoch keineswegs zwingend eine Person oder Firma sein. Der Urheber kann dem Lizenzgeber die Rechte zur Vermarktung seines Werkes eingeräumt haben.

Häufig beauftragen Lizenzgeber eine **Lizenzagentur**,[41] die **Lizenzverträge** für sie vermittelt oder diese sogar in ihrem Namen unterzeichnet. In diesem Fall wird ein sogenannter **Agen-**

40 vgl. *License! Global* (2011)
41 vgl. Kapitel 7„Lizenzagenturen"

turvertrag[42] zwischen Lizenzgeber und -agentur abgeschlossen. Dieser regelt den Umfang der Rechte, die die Agentur für den Lizenzgeber wahrnimmt. Die Agentur verhandelt auf Basis des Agenturvertrags Lizenzverträge mit Lizenznehmern. Diese werden teilweise von der Lizenzagentur jedoch im Namen des Lizenzgebers unterzeichnet. Es gibt auch Lizenzverträge, die die Agentur zwar verhandelt, aber der Lizenzgeber paraphiert. Der Agenturvertrag legt meist auch die Basisvoraussetzungen fest, nach denen potenzielle Lizenznehmer selektiert werden sollen,[43] ebenso wie die Vergütung der Lizenzagentur. Normalerweise finanziert diese sich aus umsatzabhängigen Provisionen auf die abgeschlossenen Lizenzverträge.

Die Top 125 der größten Lizenzgeber weltweit erwirtschafteten 2009 rund 165 Mrd. US-Dollar Handelsumsatz mit Lizenzprodukten (**Abbildung 3.1**). Der gesamte internationale Markt mit Lizenzprodukten wird auf 187,2 Mrd. US-Dollar für dasselbe Jahr geschätzt.

3.5 Lizenznehmer

Der **Lizenznehmer** erwirbt Nutzungsrechte an einem Lizenzthema direkt von einem Lizenzgeber oder über eine Lizenzagentur, um diese für Waren und Dienstleistungen (kommerziell) zu nutzen.

Die durch die Nutzung eines Lizenzthemas entstehenden Produkte (oder Dienstleistungen) werden als Lizenzprodukte bezeichnet. Der Lizenzvertrag regelt die grundsätzlich erlaubte Nutzung des Lizenzthemas für das Lizenzprodukt.

Der Lizenznehmer interagiert nach Erwerb einer Lizenz aktiv mit drei Zielgruppen: dem Handel, weiter mit dem Endverbraucher, der die Lizenzprodukte am Ende kaufen soll, und drittens über Kommunikationsmaßnahmen mit Presse, Massenmedien und anderen Multiplikatoren.[44]

3.6 Imagetransfer

Beim Licensing geht es immer um den sogenannten Imagetransfer, der das Besondere an einem Lizenzthema auf ein Produkt oder ein Unternehmen überträgt. Je besser dieser Imagetransfer gelingt, desto höher ist die Wahrscheinlichkeit, dass sich viele Endverbraucher für den Erwerb eines Lizenzproduktes entscheiden.

Der **Imagetransfer** erfolgt durch das Herausstellen von Personen, Stars, Symbolen, Markennamen und/oder signifikanten Grafikelementen des Lizenzthemas.

---

[42] vgl. Kapitel 4.3 „Lizenzvertrag"
[43] vgl. *Böll* (1996), Seite 56
[44] vgl. *Böll* (1999), Seite 11

Basis für den Imagetransfer ist eine eindeutige Positionierung des Lizenzthemas, so dass dieses klar für ein bestimmtes Wertesystem steht, das auf andere Produkte übertragen werden kann. In diesem Zusammenhang wird auch von der Persönlichkeit eines Lizenzthemas bzw. einer Marke gesprochen, die sich aus dem Fremdbild, das die Zielgruppe vom ihm hat, und dem konstruierten Bild, das der Lizenzgeber/Markeninhaber seiner Lizenz bzw. seiner Marke gibt, zusammensetzt; es ist durchaus vergleichbar mit menschlichen Persönlichkeitscharakteristika und entwickelt sich im Zeitverlauf.[45] [46] [47]

Die Voraussetzung für den Erfolg einer Lizenzierung ist eine effiziente und vor allem sinnvolle Verknüpfung der Kompetenz eines Lizenzthemas mit der Kompetenz von dessen Lizenznehmer in Bezug auf die Lizenzprodukte, deren Vertrieb und Marketing sowie gegebenenfalls mit dem Lizenznehmer-Unternehmen.

Der Sympathiewert des Lizenzthemas wird vom Endverbraucher mit dem Lizenzprodukt in Verbindung gebracht.[48] Besonders bekannte Lizenzen haben in den Köpfen der Endverbraucher oftmals schon ein eindeutiges Image. Dies kann z.B. bei Modelabels wie *Diesel* oder *Ralph Lauren* ein luxuriöser Lebensstil sein, der auch auf Lizenzprodukte übertragen wird, wenn sie ein passend dazu lizenziertes Parfum oder eine Sonnenbrille kaufen. Das Lizenzthema wiederum wird über ein Lizenzprodukt erlebbarer bzw. präsenter, da es auch außerhalb des originären Kontextes der Lizenz auftaucht. Dies kann eine zusätzliche Bindung zwischen Konsument und Lizenzthema schaffen.

Voraussetzung für einen erfolgreichen Imagetransfer ist immer die Stimmigkeit von Produkt und Lizenzthema. Beispiel: Bekleidungsartikel, die mit der Zigarettenmarke *Marlboro* gebrandet sind, sollten ein Gefühl von Freiheit und Abenteuer transportieren und ein zeitgemäßes Design haben. Deswegen passt Outdoor orientierte Bekleidung sehr gut, Ökotextilien dagegen hätten einen weniger harmonischen Fit mit der Marke.

Beim Licensing entstehen **Rückkopplungseffekte (Abbildung 3.2)** zwischen Lizenzthema und -produkt, von denen sowohl Lizenzgeber als auch -nehmer profitieren können, wenn der Imagetransfer gelingt. Im Idealfall resultiert daraus neben einer höheren Bindung der Konsumenten an das Thema auch ein erhöhter Produktabsatz und -umsatz, ein Imagezuwachs und erhöhte Aufmerksamkeit am POS[49] für den Lizenznehmer selbst und seine Produkte sowie Wettbewerbsvorteile gegenüber Konkurrenzprodukten für das Unternehmen des Lizenznehmers und dessen Produkte. Allerdings funktioniert dies nur, wenn Lizenzthema und -produkt im Handel ähnlich oder gleich positioniert sind und deren Schnittmenge insbesondere bezüglich der Zielgruppe möglichst groß ist.[50]

---

45 vgl. *Olins* (2004), Seite 20
46 vgl. *Burmann/Meffert* in: *Meffert/Burmann/Koers* (2005), Seite 49
47 vgl. *Burmann/Meffert* in: *Meffert/Burmann/Koers* (2005), Seite 67
48 vgl. *Meyer* (2003), Seite 16
49 POS = Point of Sale
50 vgl. *Saldsieder* (2008), Seite 152

Abbildung 3.2 Rückkopplungseffekte beim Licensing[51]

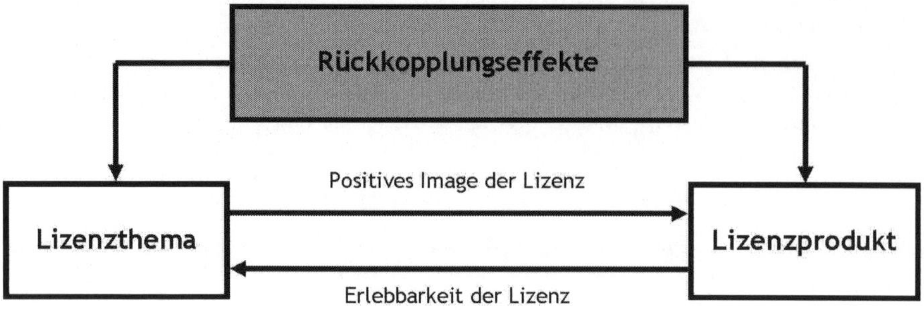

Ein Lizenzgeber wird normalerweise beim Aufbau eines Lizenzthemas zunächst Produkte zu lizenzieren versuchen, die eine besonders große inhaltliche Nähe zum **Leitmedium**, dem Ursprung des Lizenzthemas, und dessen Inhalt haben. Im weiteren Verlauf der Lizenzauswertung wird er dann auch gegebenenfalls inhaltlich entferntere Produkte akquirieren. Je besser der Imagetransfer gelingt, desto größer ist nicht nur die Wahrscheinlichkeit, dass ein Produkt gekauft wird. Es steigt auch die Chance eines Folgekaufes.[52] Dies setzt allerdings voraus, dass der Lizenzgeber sorgsam auf die Positionierung seines Lizenzthemas achtet, damit der Imagetransfer dauerhaft funktioniert und sich der Endverbraucher nicht aufgrund von negativen Erfahrungen mit dem Lizenzthema oder -produkt davon abwendet.

Bei einem gelungenen Imagetransfer von Lizenzthema und -produkt treten aufgrund des besonders hohen Interesses beim Verbraucher manchmal sogar die Produktfunktionen in den Hintergrund, da dem Endverbraucher der emotionale Wert eines Lizenzthemas wichtiger ist als die Eigenschaften des Produktes selbst. Dies geschieht besonders häufig bei lizenzierten Spielwaren: Die Spielzeuge aus dem *McDonald's Happy Meal* finden wohl gerade deswegen so reißenden Absatz. Der Hauptkaufanreiz ist das Lizenzthema der Spielzeuge und nicht dessen Funktionen und auch nicht deren Qualität, die aufgrund des beschränkten Herstellungsbudgets nicht mit ähnlichen Produkten aus dem Spielwarenhandel zu vergleichen ist. Dennoch werden die *Happy Meal*-Premiums jeden Monat millionenfach auf der ganzen Welt verkauft. Voraussetzung für einen vielversprechenden Imagetransfer ist die klare Definition der Lizenz. Dies umfasst neben den grafischen Elementen vor allem auch die Klärung, wofür das Lizenzthema eigentlich steht und was es aussagen soll.[53]

---

51 Quelle: *eigenes Modell*

52 vgl. *Morschett* (2002), Seite 38 f.

53 vgl. Kapitel 5.1.3 „Analyse und Positionierung eines Lizenzthemas"

3.7 Ablauf der Lizenzierung

Der Arbeitsablauf der Lizenzierung eines Themas ist i.d.R. bei Lizenzgebern und -agenturen gleich. Das liegt daran, dass gewisse Voraussetzungen wie z.B. die Schaffung der rechtlichen Basis wie auch die Erstellung von vor allem grafischen Unterlagen in Form eines Style Guides genauso wie die Festlegung einer Vermarktungsstrategie die notwendige Basis darstellen, um die Akquise von Lizenznehmern und die Entwicklung von Lizenzprodukten überhaupt beginnen zu können.

Selbstverständlich ist dennoch jedes Lizenzthema und jeder Lizenzgeber unterschiedlich und dementsprechend sind auch die Voraussetzungen für die möglichst umfangreiche Lizenzierung eines Themas zumindest teilweise speziell, so dass es auch zahlreiche individuelle Ansätze bei der Herangehensweise an die Lizenzvermarktung gibt.

STANDARDISIERTER ABLAUF DER VERMARKTUNG EINES LIZENZTHEMAS:

1. **Vorliegen der Rechte eines Lizenzthemas bzw. Erwerb eines Lizenzthemas**
   Entweder ist der Lizenzgeber selbst der Vermarkter oder er beauftragt einen Mittler (Lizenzagentur) hierfür.
2. **Entwicklung einer Marketing- und Vermarktungsstrategie sowie eines Style Guides**
3. **Akquise von Lizenznehmern und Abschluss von Lizenzverträgen**
4. **Entwicklung von Lizenzprodukten und Werbemitteln hierfür**
5. **Freigabeprozess (Approval) von Lizenzprodukten und deren Werbemittel**
   Eventuell ist beim Freigabeprozess eine Lizenzagentur Mittler zwischen Lizenznehmer und Lizenzgeber.
6. **Gegebenenfalls Markteinführung des Lizenzthemas (sofern es sich um ein nicht bereits etabliertes Thema handelt)**
   z.B. Kino- und TV-Serienstart oder Beginn einer durch Lizenzgeber und/oder Lizenzagentur initiierten Kampagne (z.B. Event, Handels-Kooperation)
7. **Markteinführung des Lizenzproduktes durch den Lizenznehmer**
8. **Lizenzabrechnung**

Vertragsparteien beim Abschluss eines Lizenzvertrags sind der Lizenzgeber und der Lizenznehmer, wobei teilweise auch eine durch den Lizenzgeber eingesetzte Lizenzagentur im Auftrag eines Lizenzgebers zeichnungsberechtigt sein kann.

3.8 Wertschöpfungskette im Licensing

Aus dem in **Kapitel 3.7** skizzierten Ablauf der Lizenzierung ergibt sich eine Wertschöpfungskette mit den Teilnehmern Lizenzgeber, Lizenzagentur, Lizenznehmer, Produzent, Handel (Groß- und Einzelhandel) und dem Endverbraucher (**Abbildung 3.3**).

Abbildung 3.3 Die Wertschöpfungskette im Licensing[54]

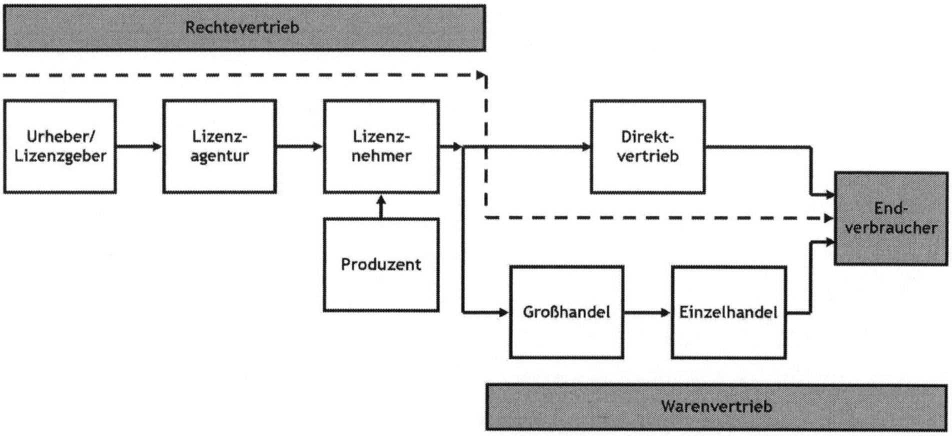

Diese **Wertschöpfungskette** unterteilt sich in zwei Bereiche: den Rechte- und den Warenvertrieb. Ersterer kann durch den Lizenzgeber und/oder dessen Agentur vor allem über die Bestimmungen des gemeinsam mit dem Lizenznehmer unterzeichneten Lizenzvertrags beeinflusst werden, aber auch über das Freigabeprozedere[55] der Lizenzprodukte und Werbemittel wie auch der erlaubten Vertriebskanäle. Der zweite Bereich hingegen liegt vorwiegend in der Verantwortung des Lizenznehmers: Es ist seine Aufgabe, die Lizenzprodukte – konform mit den Regelungen des Lizenzvertrags – in den Handel zu bringen und den Endverbraucher zu deren Kauf zu animieren.

Selbstverständlich kann der Lizenznehmer seine Produkte auch direkt an die Endverbraucher liefern – beispielsweise über einen eigenen Internet-Shop oder unternehmenseigene Geschäfte. Dieser Direktvertrieb ist ebenfalls eine körperliche Lieferung von Waren und zählt zum Warenvertrieb.

54 Quelle: *eigenes Modell*
55 vgl. Kapitel 6.2.2 „Freigabeprozess (Approval)“

3.9 Erscheinungsformen von Lizenzthemen

Es gibt keine einheitliche Festlegung, wie Lizenzthemen einzuteilen sind. Erschwert wird dies, weil Licensing ein stark international geprägtes Geschäft ist, bei dem große nationale Unterschiede auftreten. Da Lizenzgeber und ihre Agenturen außerdem immer neue Produkte und Services finden, für die sie eine Lizenz verkaufen können, wächst die Anzahl der Lizenzthemen ständig, ebenso wie die Anzahl an Produkten, für die Lizenzen erworben werden. Hinzu kommen Trends und wechselnde Endverbraucher-Präferenzen, die das Lizenzgeschäft zusätzlich beeinflussen. Die Einteilung von Lizenzthemen nach den einzelnen Erscheinungsformen ist zudem nicht eindeutig möglich, da sich viele Lizenzthemen mehreren Kategorien zuordnen lassen oder die Auslizenzierung erst begann, als z.B. einem erfolgreichen Buch ein Kinofilm folgte. Die folgende Einteilung kann daher nur beispielhaft zeigen, welche Arten von Lizenzthemen es gibt – allerdings ohne Anspruch auf Vollständigkeit. Bei einigen der Beispiele ist es möglich, die Themen unterschiedlichen zuzuordnen.

3.9.1 Beispiele für Lizenzformen nach ihrem Ursprung

- **Art Licensing:** z.B. *Keith Haring, Andy Warhol, Fischer-Art*
- **Brand- oder Trademark Licensing:** z.B. *Coca-Cola, Ferrari, Davidoff*
- **Character Licensing aus Büchern und Presse:** z.B. *Die Wilden Kerle, Prinzessin Lillifee, The Peanuts, Harry Potter*
- **Character Licensing aus TV und Kino:**
  - TV/animiert:[56] z.B. Sendung mit der Maus, Ben 10, Yu-Gi-Oh!
  - TV/Life Action:[57] z.B. Hannah Montana, High School Musical, GZSZ
  - Kino/animiert: z.B. Findet Nemo, Ice Age, Shrek
  - Kino/Life Action : z.B. Der Herr der Ringe, Spiderman, Twilight
- **Charity Licensing:** z.B. *WWF, SOS-Kinderdörfer, UNICEF*
- **Claim Licensing:** z.B. *WE LOVE (ProSieben)*
- **Event Licensing:** z.B. *Cats*-Musical, *Fußball-WM 2010, Olympische Spiele*
- **Fashion- oder Designer Licensing:** z.B. *Armani, Benetton, Ed Hardy*
- **Music Licensing:** z.B. *Robbie Williams, Rock im Park, KuschelRock*
- **Personality Licensing:** z.B. *Heidi Klum, Madonna, Michael Jackson*
- **Sport Licensing:** z.B. *FC Bayern München, David Beckham, National Football League (NFL)*

---

56 Animation = Filmproduktion auf Basis von Zeichentrick oder Computeranimation (auch CGI = Computer animated Imagery)

57 Life Action = Filmproduktion mit Schauspielern

- **Toy Licensing:** z.B. *Barbie, LEGO, Transformers*
- **TV-Format Licensing:** *Germany's next Topmodel, Beverly Hills 90210*

Character Licensing, das seinen Ursprung oft in TV-Formaten oder Kinofilmen hat, ist die am häufigsten auftretende Form des Lizenzthemas. Insbesondere bei Kinderprodukten wird sehr viel mit Lizenzthemen gearbeitet, die aus TV (und Kino) stammen. Oft handelt es sich dabei um Figuren. Überhaupt sind Kinder die größte Zielgruppe von Lizenzprodukten. Sie beeinflussen mit ihrer Nachfrage maßgeblich Eltern, Großeltern und sonstige „Geschenkekäufer". Fernsehlizenzen sind durch die Penetration mit zahlreichen Folgen einer Serie samt Wiederholungen ständig präsent und generieren dadurch Nachfrage nach dazu passenden Lizenzprodukten. Auch Erwachsene können treue Zuschauer sein, neigen aber deutlich weniger dazu, Lizenzprodukte zu einem TV-Format zu erwerben.[58]

Hingewiesen sei darauf, dass es Branchen mit weiteren Formen des Lizenzgeschäftes gibt, die in diesem Buch nicht behandelt werden. Beispiele für solche Lizenzgeschäfte sind die Software-Industrie, in der u.a. auch Endverbraucher Lizenzen erwerben, um Programme auf ihren Computern installieren zu können, oder das Verlagswesen, in dem die Verlage untereinander u.a. mit Lizenzen für ausländische Ausgaben oder Taschenbuch-Versionen ihrer Bücher handeln. Für die Nutzung von technologischen Entwicklungen für die Herstellung von technischen Produkten, die patentrechtlich geschützt sind, werden ebenfalls Lizenzverträge abgeschlossen. Gleiches gilt auch für die Lizenzierung bestimmten Wissens und zur Umsetzung notwendiger Ausrüstung, wie es z.B. in der Fast-Food-Industrie üblich ist. Hier können Franchisenehmer von einem Partner – z.B. *Kentucky Fried Chicken* – das Know-how und die Geräte zur Zubereitung von Gerichten inklusive der Ladeneinrichtung und des Corporate Design lizenzieren.

3.10 Grunderscheinungsformen von Lizenzprodukten

Es gibt drei Grunderscheinungsformen von Lizenzprodukten, die in unterschiedlich starker Ausprägungsform am Markt zu finden sind:[59]

- **Gestaltung des gesamten Produktes samt Verpackung und Werbemitteln im Stil des Lizenzthemas**
  Beispiele: *Schlag den Raab*-Spiel von *Ravensburger, Christina Aguilera*-Parfum von *Procter & Gamble*
- **Gestaltung lediglich der Verpackung im Stil des Lizenzthemas**
  Häufig bei zeitlich begrenzten Promotions.
  Beispiel: *Star Wars*-Design auf *Tempo-Taschentücher*-Packungen

[58] vgl. *Raugust* (1995), Seite 14
[59] vgl. *Schäfer* (2003), Seite 38

- **Premiums (On- oder In-Pack)**
  Beigabe von Produktzugaben, sogenannten Premiums, zum Produkt des Lizenznehmers. Diese Zugaben können entweder innenliegend (In-Pack) in der Verpackung oder außen auf der Verpackung angebracht sein (On-Pack). Premiums-Lizenzkooperationen sind meist zeitlich begrenzt.
  Beispiel: *Big King*-Kindermenü von *Burger King* mit Mini-Spielen von *Hasbro*

Man kann auch von Produkt- und Werbelizenzen sprechen. **Produktlizenz** meint Lizenzprodukte, die entsprechend des Lizenzthemas gestaltet sind (inklusive der Werbemittel und Verpackungen), während **Werbelizenzen** nur die Nutzung eines Lizenzthemas für die Werbung in Form von z.B. Werbespots, Anzeigen, Give-Aways, POS-Material und PR-Maßnahmen gestatten.[60] Für Produktlizenzen werden vom Lizenznehmer i.d.R. vom Absatz abhängige Lizenzgebühren, meist in Verbindung mit einer Garantiesumme, bezahlt. Für Werbelizenzen und Kooperationen mit Premiums hingegen zahlt der Lizenznehmer i.d.R. eine einmalige Flat Fee.[61]

3.11 Arten der Lizenzierung

Eigentlich gibt es nur drei Grundformen der Lizenzierung. Auch hier treten Mischformen bzw. nicht ganz klare Abgrenzungen zwischen den drei formalen Erscheinungsformen auf:[62]

- **Klassisches Lizenzprodukt**
  Der Lizenznehmer entwickelt ein neues Lizenzprodukt, das die Charakteristika des Lizenzthemas in Produkt- und Verpackungsdesign und unter Umständen sogar in den Produktfunktionen widerspiegelt. Manchmal wird hier auch einfach nur der Name des Lizenzthemas bzw. Prominenten verwendet, und es werden kaum oder gar keine charakteristischen Design-Elemente genutzt.
  Beispiele: *Winnie Puuh*-Bettwäsche, *Benjamin Blümchen*-Puzzle, *Harry Potter*-Kalender.

- **Tie-In**
  Meist kooperieren hier ein Markenartikler und ein Lizenzthema, in dem letzteres vor allem zur Werbung für das Markenprodukt eingesetzt und das Produkt selbst gar nicht oder nur wenig (z.B. auf der Verpackung) im Rahmen der Zusammenarbeit modifiziert wird. Eventuell werden mit einem Lizenzthema gebrandete Premiums beigelegt. Solche Tie-Ins sind meistens auf eine bestimmte (kurze) Zeit begrenzt.
  Beispiele: Hörspiele zu *Shrek 2* als Produktzugaben in *Ariel*-Waschmittelpackungen, *McDonald's Happy Meal*-Promotion zu *Nintendogs*, *UNICEF*-Spendenaktion auf *Pampers*-Windeln.

---

60 vgl. *Böll* (1999), Seite 122
61 vgl. Kapitel 6.1.6 „Lizenzgebühren und Garantiesummen"
62 vgl. *Schäfer* (2003), Seite 31 f. und *Böll* (1996), Seite 289ff.

- **Testimonial**
  Diese Form der Lizenzierung wird häufig für Werbung eingesetzt. Dabei wird ein Prominenter oder eine bekannte Figur als Botschafter für ein Produkt oder ein Unternehmen funktionalisiert. Dieser Botschafter dient als glaubwürdiger Vermittler der positiven Eigenschaften des von ihm beworbenen Produktes. Das Testimonial wird in den Werbemitteln wie auch bei öffentlichen Auftritten für das Produkt eingesetzt. **Beispiele:** *Franz Beckenbauer* als Testimonial für *Privatbrauerei Erdinger Weißbräu, The Simpsons*-Kampagne mit der Automarke *RenaultKangoo.*

Abbildung 3.4 Anteile der Produktkategorien in 2009 in Deutschland[63]

Kategorie	Beschreibung	Anteil in Deutschland
Apparel	Bekleidung	20%
Toys & Games	Spielwaren	19%
Publishing	Bücher, Zeitschriften etc.	12%
Food & Beverages	Lebensmittel und Getränke	9%
Software & Video Games	Programme, Computerspiele, Spiele für Konsolen	8%
Accessories	vorwiegend Mode-Accessoires wie Sonnenbrillen, Gürtel usw.	6%
Stationery	Schreibwaren, Schulartikel	5%
Audio & Video	CDs, DVDs, Video on Demand, Downloads usw.	4%
Gifts & Collectibles	Geschenkartikel und Sammelartikel	4%
Home Decor	Möbel und Dekoration für das Zuhause	3%
Footwear	Schuhe	3%
Promotions		2%
Housewares	Haushaltsartikel wie Küchengeräte usw.	2%
Sporting Goods	Sportartikel wie Bälle, Sportbekleidung usw.	1%
Infant Products	Baby- und Kleinkinderprodukte	1%
Sonstige		1%

Klassisch wird im Licensing – national und international – nach den unten stehenden Produktkategorien (**Abbildung 3.4**), aus denen die jeweiligen Lizenzprodukte stammen, unterschieden. Da das Lizenzgeschäft vom nordamerikanischen Markt stark beeinflusst wird, werden üblicherweise auch hierzulande die englischen Begriffe für die Kategorien verwendet. Auch bei den jeweiligen Produktkategorien ist der Übergang zu anderen fließend. Produkte können unter Umständen mehreren „Categories" zugeordnet werden.

63 vgl. *Kazachok International Licensing Mag'* (2009)

4 Rechtliche Grundlagen des Lizenzgeschäfts

Dr. Ursula Feindor-Schmidt, LL.M., und Stefanie Brandt

4.1 Allgemeine rechtliche Begrifflichkeiten im Lizenzgeschäft

Die Kenntnis der wichtigsten rechtlichen Grundlagen ist für jeden, der sich mit Licensing beschäftigt, unerlässlich. Anders als beim Kauf oder Verkauf von Waren geht es im Lizenzgeschäft um den Handel mit Rechten, der auf unterschiedlichen rechtlichen Rahmenbedingungen fußt. Eine Vielzahl von rechtlichen Grundlagen aus z.B. Urheber-, Marken- und Geschmacksmusterrecht sowie Rechten am eigenen Bild, Namens- und Persönlichkeitsrechten in Kombination[64] mit allgemeinen vertragsrechtlichen Regelungen bilden die Basis für diesen Handel. Zwar können Lizenzverträge frei verhandelt werden, es gibt jedoch gewisse Branchenstandards, mit denen jeder vertraut sein sollte, der im Licensing tätig ist.

Das vorliegende Kapitel gibt einen Überblick über die rechtlichen Grundlagen des Lizenzgeschäftes. Die Autorinnen dieses Kapitels weisen ausdrücklich darauf hin, dass es sich beim Abschluss von Lizenzverträgen stets empfiehlt, einen darauf spezialisierten Anwalt zu konsultieren, denn so vielfältig das Lizenzgeschäft an sich ist, so vielfältig sind die Ausgestaltungen von Lizenzverträgen.

4.1.1 Urheber und Werk

Licensing von urheberrechtlich geschützten Themen (z.B. Charaktere, Illustrationen oder eine bestimmte Story) basiert auf dem ausschließlichen Recht eines Urhebers, sein Werk vollständig oder in Teilen zu verwerten.

Die gesetzliche Grundlage dieses Rechtes ist das **Urhebergesetz (UrhG)**. Das ausschließliche Recht des Urhebers zur Verwertung bzw. Vermarktung seines urheberrechtlich geschützten Werkes wird explizit in § 15 UrhG erwähnt.

Der zentrale Begriff im Zusammenhang mit dem rechtlichen Schutz dessen, was ein Urheber erschaffen hat, ist das **Werk**: Im Sinne des UrhG sind Werke **persönliche, geistige Schöpfungen** z.B. auf den Gebieten der Literatur, der Wissenschaft und der Kunst.[65]

---

64 vgl. *Scherz* in: *Böll* (1999), Seite 5

65 vgl. §§ 1, 2 UrhG

Das UrhG hat zur Aufgabe, die Interessen des **Schöpfers eines Werkes** in dessen geistiger und persönlicher Beziehung zum Werk wie auch bei dessen Nutzung zu schützen.[66] Dabei geht es im Wesentlichen um folgende Bereiche:

- **Urheberpersönlichkeitsrechte** (gem. §§ 12-14 UrhG)
- **Verwertungs- bzw. Nutzungsrechte** (gem. §§ 15-44 UrhG)

4.1.2 Urheberpersönlichkeitsrechte

Bei den **Urheberpersönlichkeitsrechten** geht es um die ideellen und geistigen Interessen des Urhebers in Zusammenhang mit dem von ihm geschaffenen Werk. Insbesondere sind dies die Werksveröffentlichung, die Anerkennung der Urheberschaft sowie das Verbotsrecht bei einer Entstellung seines Werkes.

Gerade das Verbotsrecht des Urhebers bei Entstellungen ist wichtig, denn der Urheber hat zu den Auswertungsmöglichkeiten seines Werkes und den Grenzen der Entstellung häufig individuelle Vorstellungen. Dies kann leicht zu Streitigkeiten führen.

4.1.3 Verwertungs- und Nutzungsrechte

Der Urheber besitzt an seinem Werk die Verwertungsrechte zu dessen Auswertung in verschiedenen Medien, wie z.B. das **Vervielfältigungsrecht**, das **Verbreitungsrecht**, das **Ausstellungsrecht**, das **Recht der öffentlichen Zugänglichmachung** (= Online-Recht), das **Senderecht** oder das **Recht der Wiedergabe durch Bild- und Tonträger**.[67]

Licensing basiert auf der gesetzlich vorgesehenen Möglichkeit, einem anderen das Recht einzuräumen, das Werk auf einzelne oder alle Nutzungsarten zu verwerten.[68] Da es zu den Rechten des Urhebers gehört, sein Werk kommerziell zu nutzen, steht ihm für die Einräumung von Nutzungsrechten auch eine angemessene Vergütung zu, wenn nicht er selbst, sondern andere die Verwertung durchführen[69].

Entscheidend ist in diesem Zusammenhang, dass das Urheberrecht selbst im deutschen Rechtssystem nicht auf Dritte übertragen werden kann. Der Urheber bleibt immer der Eigentümer der Rechte an seinem Werk; nur er kann über dessen Nutzung entscheiden.[70] Nach dessen Ableben wird das Urheberrecht an seine Erben übertragen, die diese Rechte bis 70 Jahre nach dem Tod des Urhebers innehaben, bevor das Werk gemeinfrei und damit für jeden ohne Einschränkung und kostenfrei nutzbar wird.[71]

---

[66] vgl. §§ 7, 11 UrhG
[67] vgl. §§ 15 - 22 UrhG
[68] vgl. § 31 UrhG
[69] vgl. § 32 UrhG
[70] vgl. § 29 UrhG
[71] vgl. § 64 UrhG

Ein Werk kann daher nicht ohne Erlaubnis des Urhebers vermarktet werden. Eine Lizenzagentur muss sich bestimmte Nutzungsrechte durch den Urheber einräumen lassen, damit sie dessen Werk (Lizenzthema) überhaupt vermarkten kann.[72] Der Urheber kann somit anderen Personen und Firmen Nutzungsrechte an einem Verwertungsrecht einräumen. Auf dieser Grundlage kann ein Lizenznehmer wie beispielsweise ein Verlag das Manuskript eines Autors, das als Werk urheberrechtlich geschützt ist, als Buch drucken und veröffentlichen oder ein Spielzeughersteller passend zu den vom Urheber entworfenen Figuren zu einem Film Plüschtiere herstellen und vertreiben.[73]

Die Einräumung eines **ausschließlichen** oder **exklusiven Nutzungsrechtes** bedeutet, dass bezüglich des bestimmt definierten Lizenzgegenstandes für das bestimmte Produkt und das bestimmte Territorium während der Laufzeit des Lizenzvertrages einzig dem Lizenznehmer das Recht zur Nutzung zusteht. Er kann alle anderen von eben dieser Nutzung ausschließen. Dies heißt jedoch nicht, dass die Auswertung hier völlig einschränkungslos erfolgen muss. Der Lizenzgeber kann sich auch bei einem ausschließlichen Nutzungsrecht z.B. ein Zustimmungsrecht für die Produktfreigabe vorbehalten. Auch zu einer Unterlizenzierung bedarf es ggf. der Zustimmung des Lizenzgebers. Dies ist z.B. der Fall, wenn der Lizenznehmer seine Lizenzprodukte nicht selbst herstellt, sondern ein Produzent in seinem Auftrag.

Neben dem ausschließlichen Nutzungsrecht gibt es das sogenannte **alleinige Nutzungsrecht**, das dem Lizenznehmer erlaubt, den Vertragsgegenstand alleine neben dem Lizenzgeber zu nutzen, und das **einfache Nutzungsrecht** (auch **nicht ausschließliches** oder **nicht exklusives Nutzungsrecht**), das den Lizenznehmer zur Nutzung des Vertragsgegenstandes neben weiteren Lizenznehmern und dem Lizenzgeber berechtigt.[74] Letzteres betrifft den Großteil aller Lizenzverträge, da die meisten Lizenzthemen gemeinsam von unterschiedlichen Lizenznehmern und deren Produkten vermarktet werden.[75]

Bei der Übertragung von Nutzungsrechten ist es wichtig, per (Lizenz-)Vertrag exakt zu definieren, welche Rechte der Urheber an den Lizenznehmer überträgt. Die detaillierte Beschreibung der übertragenen Rechte ist notwendig, um Missverständnisse und Ärger zwischen Lizenzgeber und -nehmer zu vermeiden.

4.1.4 Rechtliche Absicherung von Lizenzthemen

Voraussetzung für die Vergabe einer Lizenz bzw. die Einräumung von Nutzungsrechten ist, dass überhaupt ein geschütztes Recht vorliegt. Der Gesetzgeber stellt mehrere Möglichkeiten des Rechtsschutzes zur Verfügung. Die wichtigsten und bekanntesten sind das **Urheberrecht (UrhG)** und das **Markenrecht (MarkenG)**. Des Weiteren spielen im deutschen Lizenzgeschäft auch Titelrechte (z.B. bei Buch- oder Zeitschriften), Wettbewerbsrecht und Persönlichkeitsrecht (insbesondere von Prominenten) als wichtige rechtliche Grundlagen

72 vgl. *Böll* (1996), Seite 36
73 vgl. *Böll* (1996), Seite 36
74 vgl. *Feindor-Schmidt* (2009)
75 vgl. UrhG § 31

eine Rolle. Daneben gibt es internationale Regelungen und Möglichkeiten für den Schutz eines Lizenzthemas, wie z.B. die Registrierung des Copyrights in den USA. Dieses Buch skizziert jedoch nur die wichtigsten Regelungen für den deutschen Markt.

Im UrhG, MarkenG und anderen gesetzlichen Schutzmechanismen sind die Fristen für den Schutz von Rechten und Marken genau definiert. Die **Schutzfrist des Urhebers** an seinem Werk erlischt, wie bereits erwähnt, in Deutschland erst 70 Jahre nach dessen Tod. Daher sind die Erben des Urhebers unter Umständen zu konsultieren, sollte ein potenzieller Lizenznehmer Interesse an der Nutzung eines Lizenzthemas haben. International gibt es zum Teil abweichende Schutzfristen, wie z.B. in Kanada, wo die Frist nur für 50 Jahre nach dem Tod des Urhebers gilt. Entsprechend sind gegebenenfalls auch die nationalen Bestimmungen hinsichtlich des Schutzes eines urheberrechtlich geschützten Werkes vor dem Erwerb einer Lizenz zu prüfen.

Eine eindeutige rechtliche Absicherung beim Erwerb eines Lizenzthemas ist wichtig, da nur der Urheber ein Recht einräumen kann. Der Lizenznehmer erwirbt über einen Lizenzvertrag ein Recht, das er weder sehen noch anfassen kann und auf dessen rechtmäßige Übertragung er sich verlassen können muss. Eine eindeutige Rechtssituation ist aber auch wichtig für den Schutz gegen Piraterieprodukte, denn Nachahmung, Verwässerung und Ausbeutung des guten Rufes eines Lizenzthemas können schwerwiegende Folgen haben.

In Deutschland ist es (noch) nicht üblich, den Nachweis über die **Rechtekette** vorzulegen. Lizenznehmer sollten sich beim Erwerb von Nutzungsrechten eines Lizenzthemas dennoch vergewissern, dass sie korrekt rechtlich abgesicherte Ansprüche an einem Lizenzthema erwerben. Es ist die Frage zu klären, ob eine Lizenzagentur oder ein Lizenzgeber die angebotenen Rechte überhaupt veräußern darf. Eine ungebrochene Rechtekette ist hierbei unabdingbar. In den USA ist es bei Lizenzkooperationen mittlerweile Usus, sich die Rechtekette en détail dokumentieren zu lassen. Grund dafür sind mögliche unerfreuliche Prozesse, hohe Schadensersatzforderungen und einstweilige Verfügungen.

Auch hierzulande ist die ungebrochene Rechtekette wichtig, weil Rechte nicht gutgläubig erworben werden können. Das ist anders als beispielsweise beim Kauf einer Waschmaschine, bei dem der Käufer durch Übergabe der Ware und deren Bezahlung davon ausgehen kann, dass der Verkäufer auch der bisherige Eigentümer ist. Der Käufer ist hierbei nicht dazu verpflichtet, abschließend zu klären, ob ihm von tatsächlich Berechtigten die Ware angeboten wurde. Der Erwerb von Rechten muss aber auch vor dem deutschen Gesetz nachweisbar sein, so dass ein Lizenzgeber nur dann einen Lizenzvertrag unterzeichnen sollte, wenn er dies abgeklärt hat. Ansonsten kann auch er haftbar gemacht werden.

Zur rechtlichen Absicherung gehört auch die Klärung, ob gleiche oder ähnliche Werke und Marken schon geschützt sind. Hierbei reicht die Recherche im Markenregister nicht aus, da möglicherweise auch andere Rechte für die Lizenzauswertung betroffen sein können, die nicht im Markenregister eingetragen sind. Des Weiteren genügt es in einer globalisierten Welt auch nicht, die rechtliche Absicherung nur auf den deutschsprachigen oder europäischen Raum zu beschränken. Es gibt für die umfassende Abklärung von Rechten spezialisierte Unternehmen und Anwaltskanzleien, die hierbei unterstützen können.

Lizenzthemen können sehr unterschiedlichen Schutz genießen. Die jeweiligen Schutzrechte müssen einzeln geklärt und gegebenenfalls eingeholt werden, bevor sie auf Produkten verwendet werden dürfen.

> Ob ein Werk gemäß UrhG geschützt ist, hängt insbesondere von dessen **Schöpfungshöhe** ab: Je origineller bzw. kreativer und einzigartiger etwas ist, desto höher ist die Wahrscheinlichkeit, dass es Schutz genießt.[76]

Verstöße gegen das Urheberrecht wie z.B. die unlizenzierte Nutzung eines urheberrechtlich geschützten Lizenzgegenstandes können vom Urheber geltend gemacht werden. Unter anderem kann dieser hier auf Unterlassung und Schadensersatz klagen. Ebenso ist eine strafrechtliche Ahndung möglich.

4.1.5 Markenanmeldung

Wenn die Schöpfungshöhe für einen urheberrechtlichen Schutz nicht ausreichend ist, kann alternativ eine **Marke** beim Markenamt angemeldet werden. Bei der Markenanmeldung wählt der Anmelder die Warengruppen aus, für die sein Werk als Marke geschützt werden soll. Aber auch bei der Eintragung einer Marke muss eine gewisse Einzigartigkeit (die sogenannte „Unterscheidungskraft") vorliegen:

§ 3 MarkenG:

> (1) Als **Marke** können alle Zeichen, insbesondere Wörter einschließlich Personennamen, Abbildungen, Buchstaben, Zahlen, Hörzeichen, dreidimensionale Gestaltungen einschließlich der Form einer Ware oder ihrer Verpackung sowie sonstige Aufmachungen einschließlich Farben und Farbzusammenstellungen geschützt werden, die geeignet sind, Waren oder Dienstleistungen eines Unternehmens von denjenigen anderer Unternehmen zu unterscheiden.

Nicht als Marke angemeldet werden können Bezeichnungen für Dinge und Begriffe des allgemeinen Sprachgebrauchs. Ein Begriff wie „Kaffee" könnte für die Ware Kaffee beispielsweise nicht durch Markenanmeldung geschützt werden. Die Konsequenz wäre hier, dass alle Kaffeehersteller eine andere Bezeichnung für ihr Produkt verwenden müssten, weil der Markeninhaber die Nutzung des Wortes „Kaffee" verbieten oder für dessen Nutzung Lizenzgebühren erheben könnte. Der *KiKA*-Character *Bernd das Brot* ist hingegen schützbar, weil es sich zwar um einen Gegenstand des alltäglichen Gebrauchs (Brot) handelt, dieser aber mit einem besonderen Namen (*Bernd das Brot*) bezeichnet wird und die Figur dieses immer mies gelaunten Brotes aus dem Programm des *KiKA* an sich ein unverwechselbares Design hat.

[76] vgl. *Feindor-Schmidt* (2009)

4.2 Ungeschützte Werke

Ist ein Werk weder urheberrechtlich als Marke noch durch sonstige Schutzrechte geschützt, kann es jeder verwenden – auch kommerziell. Dies gilt auch für Werke, deren Schutz bereits abgelaufen ist. Ein Beispiel hierfür sind *Grimms Märchen*: Die Autoren sind seit über 70 Jahren tot. Entsprechend können ihre Märchen heute frei verwendet werden. Allerdings: eine Bearbeitung eines eigentlich bereits **gemeinfreien Werks** aus neuerer Zeit ist wiederum unter Umständen urheberrechtlich geschützt. Durch die geistige Schöpfung des Bearbeiters ist ein neues Werk entstanden, das urheberrechtlichen Schutz genießen könnte und damit nicht frei verwendet werden darf.[77] Die Filme der TV-Spielfilmreihe *ProSieben Märchenstunde* basieren beispielsweise auf gemeinfreien Märchen, die zu Comedy-Verfilmungen bearbeitet wurden und dadurch ein ausreichendes Maß an Schöpfungshöhe erreicht haben, um nun wiederum selbst urheberrechtlich geschützt zu sein.

4.3 Lizenzvertrag

Die Nutzung eines urheberrechtlich geschützten Werkes setzt einen Vertrag voraus, mit dem der Lizenzgeber dem Lizenznehmer die Nutzungsrechte überträgt, die dieser auswerten möchte. Ein solcher Vertrag wird als **Lizenzvertrag** bezeichnet und zwischen Urheber bzw. Lizenzgeber und -nehmer abgeschlossen, die entsprechend auch die Vertragsparteien des Lizenzvertrags darstellen. Der Lizenzvertrag unterliegt keiner bestimmten Form und ist von der Vertragsfreiheit geprägt. Er ist ein gegenseitiger Vertrag, der u.a. Elemente des BGB, des HGB und des gewerblichen Rechtsschutzes in sich vereint. In diesem Vertrag wird die Übertragung der Nutzungsrechte vom Lizenzgeber auf den Lizenznehmer inhaltlich, zeitlich und im Rahmen der gesetzlichen Möglichkeiten auch räumlich begrenzt übertragen.

Durch die Verfilmung eines Stoffes bzw. Lizenzthemas entstehen neue Rechte. Diese beziehen sich auf das neue Werk, das durch die Bearbeitung in Form einer Verfilmung entstanden ist. Die Rechte an dem durch diese Bearbeitung neu entstandenen urheberrechtlich geschützten Werkes liegen meist beim Filmhersteller (Filmproduktion).[78] Wer die Lizenzrechte, die aus der Verfilmung generiert werden können, auswerten darf, wird meist im Verfilmungsvertrag zwischen Lizenzgeber und Filmproduktion festgelegt. Häufig wird dann in der Folge mit zwei sehr ähnlichen Lizenzthemen gearbeitet: dem Original-Thema, das auch die Basis für die Verfilmung bildet, sowie der Film-Version des Themas.

77 siehe § 3 UrhG
78 siehe § 89 UrhG

Abbildung 4.1 Vertragsbeziehungen im Lizenzgeschäft - Beispiel Film[79] [80]

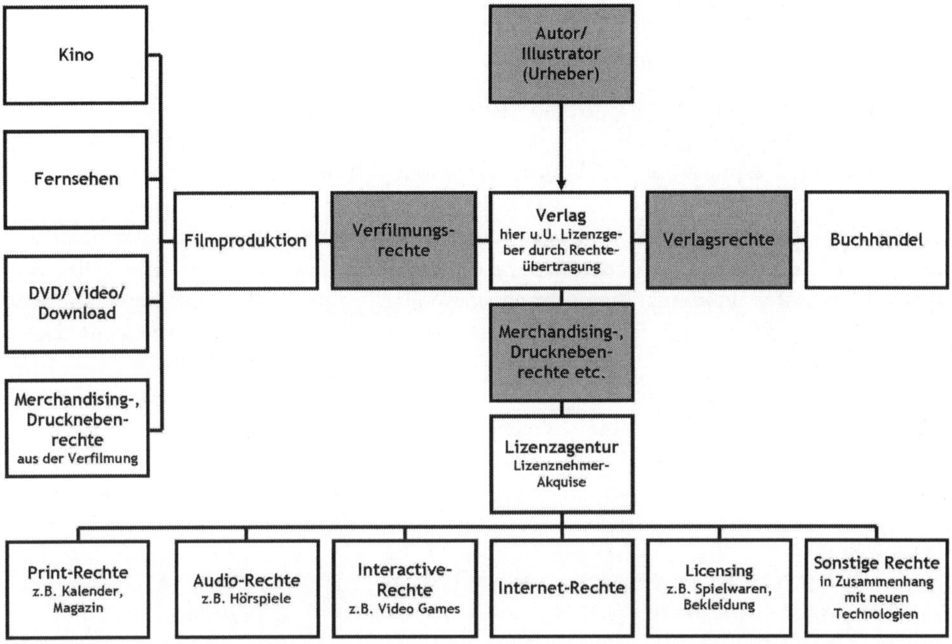

Ein prominentes Bespiel für solche „Doppel- oder gar Mehrfach-Lizenzthemen" sind *Die Wilden Kerle*: Hier gibt es die den Original-Büchern sehr nahe Lizenzvermarktung mit eigens dafür entwickeltem Artwork des Buch-Illustrators. Daneben gibt es das Artwork der fünf Kino-Realverfilmungen[81] des Stoffes sowie eine animierte TV-Serie, die seit Frühjahr 2012 im *KiKA* und im *ZDF* zu sehen ist. Oft sind bei solchen „Doppel-Lizenzthemen" Lizenzagenturen involviert. Es kann durchaus sein, dass sich unterschiedliche Agenturen um die jeweilige Vermarktung eines dieser Themen kümmern und auch unterschiedliche Lizenzgeber involviert sind.

Insbesondere bei der Lizenzierung von Verfilmungen können zusätzlich auch die Persönlichkeitsrechte der involvierten Schauspieler sowie Rechte weiterer Urheber am Gesamtwerk wie z.B. Drehbuchautoren, Erfinder der Figuren des Films oder Produzenten tangiert sein, die ebenfalls unter Umständen bei Lizenzprodukten abgegolten werden müssen.

Möglich ist auch, dass ein Lizenzthema aus unterschiedlichen Elementen besteht, die ganz oder teilweise voneinander getrennt vermarktet werden, so dass der Lizenznehmer beson-

79 vgl. *Feindor-Schmidt* (2009)
80 ähnliche Vertragsbeziehungen bestehen auch bei anderen Lizenzthemen wie z.B. Brands
81 Realverfilmung = Verfilmung mit Schauspielern (engl. Live Action)

ders großes Augenmerk auf die Rechte legen sollte, die er zu erwerben gedenkt. Bei einem Lizenzthema wie *Star Wars* können dies z.B. Rechte am *Star Wars*-Logo, an einzelnen Figuren wie z.B. *Luke Skywalker*, an Abbildungen des Schauspielers in seiner Rolle als *Luke Skywalker*, an Abbildungen von Fahrzeugen aus dem Film, an der Filmmusik und den Stimmen aus *Star Wars* oder einzelne Filmsets der Filme sein.[82]

Vor dem Abschluss eines Lizenzvertrags steht häufig die Vereinbarung eines **Deal Memos** oder **Letter of Intent (LOI)**. Hier werden die wichtigsten Eckdaten wie Vertragslaufzeit, Lizenzprodukt, Lizenzgebühren oder Garantiesumme des späteren Lizenzvertrags in Kurzform festgehalten und von beiden Vertragsseiten unterzeichnet. Auf Basis dieser ersten groben Vereinbarung können die Partner schon mit der Produktentwicklung beginnen, während die Anwälte beider Seiten den detaillierten Lizenzvertrag verhandeln. Dies wiederum kann sich durchaus hinziehen, insbesondere wenn sich große amerikanische Konzerne wie z.B. *Warner Bros* und *McDonald's* zu einer gemeinsamen Lizenzkooperation entschließen. Entsprechende Verträge können schnell 50 Seiten und mehr umfassen und werden deshalb manchmal sogar erst nach Ende der gemeinsamen Lizenzkooperation final unterzeichnet. Die Anfertigung und Unterzeichnung eines LOI macht Sinn, um in den wichtigsten Punkten eine gemeinsame Basis zu schaffen. Mit zumindest einem LOI einer künftigen Kooperation mit einem attraktiven Partner in der Tasche lassen sich außerdem auch weitere potenzielle Lizenznehmer von einer Zusammenarbeit überzeugen.

Meist haben Lizenzverträge eine Vertragslaufzeit von zwei bis drei Jahren. Die übliche **Abverkaufsfrist** für noch am Lager befindliche restliche Lizenzprodukte zu einem Lizenzthema nach Ablauf der Vertragslaufzeit beträgt bis zu sechs Monate.

4.3.1 Rechteeinräumung im Lizenzvertrag

Die vereinbarte Rechteeinräumung ist das Herzstück eines Lizenzvertrages. Der Lizenzvertrag regelt die jeweiligen Rechte und Pflichten von Lizenzgeber und -nehmer. Dabei kann der Lizenzvertrag auch, wie bereits erwähnt, von einer Lizenzagentur unterzeichnet werden. Die Rechteeinräumung sollte im Lizenzvertrag durch die folgenden sieben Punkte definiert werden, die als minimale Bestandteile eines Lizenzvertrags zu verstehen sind.

GRUNDLEGENDE ECKDATEN DER RECHTEEINRÄUMUNG IN EINEM LIZENZVERTRAG:[83]

1. **Exklusive oder nicht exklusive Einräumung der Nutzungsrechte**
2. **Sachliche Beschränkung (Lizenzgegenstand/Lizenzprodukt):**
   Beschränkung auf bestimmte Charaktere, Namen, Titel innerhalb eines Werkes sowie auf die Nutzung für bestimmte Produkte (z.B. Plüsch, Print, Bekleidung etc.).

---

82 vgl. *Battersby/Simon* (2010), Seite 66
83 vgl. *Feindor-Schmidt* (2009)

3. **Örtliche Beschränkung (Lizenzgebiet):**
   Räumliche Begrenzung der Lizenzauswertung bzw. territoriale Definition des Vertriebsgebietes.

4. **Zeitliche Beschränkung (Vertragslaufzeit):**
   Laufzeit des Vertrags inkl. Abverkaufsfristen nach Vertragsende, Kündigungsmöglichkeiten und Verlängerungsoptionen.

5. **Übertragbar/nicht übertragbar (Unterlizenzen):**
   Darf der Lizenznehmer beispielsweise einen Hersteller mit der Produktion der vereinbarten Lizenzprodukte beauftragen? (Eine Unterlizenz erlischt grundsätzlich mit dem Erlöschen der Hauptlizenz.)

6. **Bearbeitungsrecht (nur soweit notwendig):**
   z.B. die Überarbeitung der Figuren einer 2D-Zeichentrick-Serie für 3D-Plüschfiguren.

7. **Rechteübertragung nur unter der Bedingung der (zumindest teilweisen) Bezahlung der Minimumgarantie (Garantiesumme)**[84]

Die allgemeine örtliche Beschränkung auf bestimmte Länder ist übrigens innerhalb der EU rechtlich nicht mehr durchsetzbar, weil hier die Warenverkehrsfreiheit gilt. Zwischenhändler dürfen Lizenzprodukte weiter ins EU-Ausland liefern. Eine vertragsweise Durchsetzung der Beschränkung des Vertriebs auf bestimmte Länder innerhalb der EU verstößt also gegen das EU-Kartellrecht. Dennoch ist es möglich, die Lizenz für die Erstveröffentlichung eines Lizenzproduktes auf bestimmte Länder der EU zu beschränken.

Neben der Einräumung der notwendigen Rechte, die der Lizenznehmer benötigt, um seine Lizenzprodukte herzustellen und zu vertreiben, gehört es auch zu den Pflichten des Lizenzgebers, sein Lizenzthema zu schützen und es entsprechend gegebenenfalls als Marke in der notwendigen Weise schützen zu lassen bzw. den Schutz zu aktualisieren und Verletzer des Rechts rechtlich zu verfolgen.

Wichtig ist ebenfalls, dass der Lizenzgeber dem Lizenznehmer das zur Gestaltung des Lizenzproduktes notwendige Material zur Verfügung stellt, damit dieser seine Lizenzprodukte überhaupt entwickeln kann. Da er die Basis der Entwicklung des Lizenzproduktes darstellt, ist die Zurverfügungstellung eines Style Guides[85] häufig Teil von Lizenzverträgen. Die Übertragung der Lizenz durch den Lizenznehmer an Dritte bedarf grundsätzlich der Zustimmung des Lizenzgebers, kann aber vertraglich ausgeschlossen werden. Dies kann die Produktion der Lizenzprodukte bei einem externen Hersteller betreffen und sollte unbedingt mit dem Lizenzgeber vor Vertragsabschluss geklärt werden.

---

84 vgl. Kapitel 6.1.6 „Lizenzgebühren und Garantiesummen

85 vgl. Kapitel 6.2.1 „Style Guide“

Der Lizenzgeber

5 Lizenzgeber

Lizenzgeber besitzen die Rechte an einem Thema, das per Lizenzierung kommerziell ausgewertet wird. Zum einen möchte der Lizenzgeber durch Lizenzprodukte zusätzliche Aufmerksamkeit auf sein Lizenzthema lenken. Licensing kann dabei helfen, eine TV-Sendung, einen Kinofilm oder ein sonstiges Lizenzthema bei den Endverbrauchern bekannt zu machen oder diese Bekanntheit zu pflegen und weiter auszubauen. Zum anderen geht es dem Lizenzgeber – natürlich – auch um die Erzielung von zusätzlichen Umsätzen aus der Vermarktung seines Lizenzthemas.

Ein Lizenzthema kann auf- bzw. ausgebaut werden durch dessen Präsenz außerhalb seiner „Herkunft". Dies geschieht z.B. bei Themen aus dem Fernsehen oder Kino durch Produkte im Handel sowie durch Werbe- und PR-Maßnahmen der Lizenznehmer für die Lizenzprodukte in der (Fach-)Presse, mit Produkt-Werbespots oder Abbildung und Listung der Waren in Katalogen und Werbemitteln von Handelspartnern. Die Endverbraucher kommen so zusätzlich zu seinem „Ursprung" mit dem Lizenzthema in Kontakt. Die Anzahl der Konsumenten-Kontakte kann sich mit Hilfe der genannten Aktionen auf eine Weise erhöhen, wie es ein Lizenzgeber häufig nicht allein durch seine Marketing- und PR-Maßnahmen erreichen kann. In diesem Zusammenhang spricht man von der **Image-Builder-Funktion** von Lizenzprodukten. Sie stärkt die Identität eines Lizenzthemas und verankert es in der Lebenswelt der Zielgruppe.[86]

Besonders plakativ war diese Image-Builder-Funktion bei der ersten Staffel von *Deutschland sucht den Superstar* (2002/2003) erkennbar: Nicht weniger als 4.000 Lizenzprodukte waren damals im Handel. CDs, Magazine und viele weitere Lizenzprodukte verhalfen neben gelungener Kommunikation u.a. in Zusammenarbeit mit der *Bild-Zeitung* dazu, dass diese Casting Show zu einem „Must-See"-Event für eine sehr große Zielgruppe wurde.[87] Ein anderes Beispiel hierfür ist *Miley Cyrus*, der Star der *Disney*-TV-Serie *Hannah Montana*. Die zahlreichen erhältlichen Life-Style-Produkte unterstreichen ein Lebensgefühl, mit dem sich die Zielgruppe pubertierender Mädchen weltweit identifizieren kann. Der Serie und ihrer Hauptdarstellerin verpassen sie ein bestimmtes, vom Lizenzgeber gesteuertes Image, das zu hohen Quoten im Fernsehen und ansehnlichen Lizenzprodukt-Umsätzen führt.

Die „Wirkung" eines Lizenzthemas auf ein Produkt entsteht nicht erst durch den Kauf eines dazu passenden Lizenzartikels. Die pure Präsenz der Produkte im Handel steigert bereits die Aufmerksamkeit für ein Lizenzthema. Die Bindung zum Lizenzthema ist jedoch am stärksten, wenn Lizenzprodukte tatsächlich erworben werden.[88]

Es ist nicht verwunderlich, dass Licensing heute ein entscheidender Part des Marketing-Plans ganz besonders von Fernseh- und Kinofilmproduzenten ist. Bei ihnen werden

---

[86] vgl. *Engh* (2006), Seite 286
[87] vgl. *Engh* (2006), Seite 298
[88] vgl. *Raugust* (1995), Seite 2

die Erfolge an Zuschauerquoten bzw. Kinobesucherzahlen gemessen, die wiederum über eine weitere Ausstrahlung und/oder eine Fortsetzung eines Films oder einer Serie entscheiden. Umso wichtiger ist es gerade für die Unterhaltungsindustrie, schnell Bekanntheit und Beliebtheit für neue Themen aufzubauen, auszubauen und zu halten. Dabei wird Licensing als zentrales Element des Marketings eingesetzt. Entsprechend wird bereits zu einem frühen Zeitpunkt der Produktion einer neuen Serie oder eines Films das Gespräch mit möglichen Lizenznehmern, die eine besonders hohe Reichweite durch großen Warenumschlag und/oder hohe Werbeausgaben generieren können, gesucht. So soll bis zum Zeitpunkt der Markteinführung eines neuen Lizenzthemas eine maximal mögliche Bekanntheit aufgebaut werden. Die Unterhaltungsindustrie ist hier ein Vorreiter, und sie ist aufgrund der großen Konkurrenz zwischen bestehenden und immer neuen Produktionen im Markt dazu gezwungen, viele Maßnahmen inklusive Licensing zu ergreifen, um ihre Themen zu stützen. In anderen Branchen ist es weniger extrem, aber auch hier werden Lizenzthemen aus den gleichen Überlegungen heraus strategisch aufgebaut – unter Umständen jedoch mit weniger Zeit- und Erfolgsdruck als in der Unterhaltungsindustrie.

Selbstverständlich geht es beim Licensing aus Sicht eines Lizenzgebers auch immer um die Generierung von Einnahmen. Hier greift die sogenannte **Revenue-Builder-Funktion** von Lizenzprodukten,[89] die dem Lizenzgeber zusätzliche Umsätze durch die Auswertung seines Lizenzthemas beschert.

Auch hier ist die Unterhaltungsindustrie ein Wegbereiter, denn hier wird weltweit bei der Kalkulation neuer Projekte von Anfang an mit Einnahmen aus dem Licensing gerechnet. Filmproduktionen sind teuer, so dass die Refinanzierung durch Licensing, neben den Einnahmen aus dem Kinoticket-Verkauf und dem TV-Rechtevertrieb, einen hohen Stellenwert hat und besonders professionell betrieben wird. Besonders „interessant" sind hier möglichst hohe Garantiesummen, die Lizenznehmer zahlen, denn mit diesen kann am einfachsten gerechnet werden. Sie stellen sichere Einnahmen dar. Ganz abgesehen davon, dass es für jeden Lizenzgeber erfreulich ist, gelingt es ihm, sein Lizenzthema so attraktiv zu machen und zu halten, dass ihm von seinen Lizenznehmern viele Jahre lang Lizenzeinnahmen aus einer großen Lizenzprodukt-Palette gutgeschrieben werden. Das Licensing zur Kinofilm- und TV-Serie *Star Wars* dürfte den Lizenzgeber *Lucasfilm* beispielsweise in Bezug auf Lizenzeinnahmen sehr zufriedenstellen, ist dieses Thema doch seit über 30 Jahren eines der erfolgreichsten Lizenzthemen überhaupt.

Wichtig ist, dass Licensing nicht als eigenständige unternehmerische Strategie angesehen wird. Vielmehr ist es, wie bereits erwähnt, eine von vielen Maßnahmen innerhalb des Marketing-Mix[90] eines Unternehmens. Ohne Einbettung in den Marketing-Mix funktioniert Licensing selten.

Realistisch gesehen ist klar, dass es unwahrscheinlich ist, dass ein noch unbekanntes Thema über Nacht zu einem relevanten Lizenzthema wird. Erst mit einem erkennbaren Marken-

[89] vgl. *Engh* (2006), Seite 185
[90] vgl. Kapitel 2.1 „Licensing innerhalb des Marketing-Mix"

image und einer gewissen Bekanntheit beim Konsumenten und bei den Einkäufern im Handel wird auch die Lizenzauswertung erfolgreich sein können. Deswegen muss ein Thema i.d.R. erst aufgebaut werden, um es über Licensing auswerten zu können.

Um ein Lizenzthema erfolgreich zu machen und alle gesteckten unternehmerischen Ziele zu verwirklichen, führen sprichwörtlich „viele Wege nach Rom". Lizenzthemen und deren individuelle Voraussetzungen sind so unterschiedlich, dass sehr verschiedene Strategien zu einer erfolgreichen Vermarktung eines Lizenzthemas führen können – oder eben auch zu einem Flop! Es ist leider nicht von der Hand zu weisen, dass ein Lizenzthema, auch wenn es formal optimale Voraussetzungen mitbringt, nicht zwingend ein Hit werden muss. Die Präferenzen der Konsumenten ändern sich genauso wie äußere Einflüsse. So entscheiden z.B. ein „falscher Sendeplatz" oder „falscher Sender" einer neuen TV-Serie, die „falsche Positionierung" der Lizenzprodukte im Handel, „falsche erste Produkte" oder auch schlicht der „falsche Zeitpunkt" neben vielen anderen Faktoren über Erfolg oder Misserfolg eines Lizenzthemas.

5.1 Vorüberlegungen für den Aufbau eines Lizenzprogramms

Vor dem Aufbau eines Lizenzprogramms ist es wichtig, dass sich der Lizenzgeber über seine Ziele und Erwartungen, aber auch die daraus resultierenden Konsequenzen hierfür im Klaren ist.

5.1.1 Zusätzliche Erlöse

Es ist nicht verwunderlich, dass viele Lizenzgeber als erstes an zusätzliche Einnahmen[91] denken, wenn sie ein Lizenzprogramm auf den Weg bringen wollen. Daneben geht es ihnen jedoch i.d.R. auch um Marketingziele wie z.B. den Eintritt in neue Produktkategorien oder neue Märkte bzw. die zusätzliche Aufladung des (positiven) Markenimages. Daher muss Licensing für den Lizenzgeber nicht zwingend ein großer zusätzlicher Umsatzbringer werden, es sollte sich aber finanziell zumindest selbst tragen können.

Allerdings kann es viele Jahre dauern, bis sich Lizenzierungsbemühungen für einen Lizenzgeber finanziell wirklich auszahlen. Der Aufbau und die Pflege eines Lizenzthemas – auch wenn es dabei um eine eigentlich schon am Markt eingeführte Marke geht – können viel Zeit in Anspruch nehmen: Eine Lizenzierungsstrategie muss entwickelt und dazu passende Lizenznehmer gefunden werden. Daraufhin folgt die Konzeption von adäquaten Lizenzprodukten, die in den Handel gebracht werden müssen. Begleitet wird dieser Prozess von der Entwicklung und Implementierung flankierender Werbemaßnahmen. All dies muss erst einmal „ins Laufen" kommen – erst dann können Gewinne mit dem Licensing erwirtschaftet werden.

---

91 vgl. Kapitel 6.1.6 „Lizenzgebühren und Garantiesummen"

Diese vorbereitenden Aufgaben bei der Lizenzierung bedeuten auf der Seite des Lizenzgebers ebenfalls Investitionen. Es muss ein Style Guide entwickelt und die Lizenz kontinuierlich geführt und weiterentwickelt werden. Daneben muss er die personellen Strukturen für die Abnahme von Produkten, Produktdesigns sowie Werbemitteln schaffen. Ebenso müssen die Abrechnungen der Lizenznehmer kontrolliert werden. Hier fallen neben Personalkosten in unterschiedlichen Abteilungen des Lizenzgebers – wie beim Style Guide oder bei Marketing und PR – zusätzliche Kosten an, auch weil unter Umständen spezialisierte Agenturen hinzugezogen werden. Ebenso kostet die Implementierung des rechtlichen Schutzes des Lizenzthemas, z.B. durch Markenanmeldung und die Konsultierung eines Medienanwaltes, Geld. Um eine Lizenz erfolgreich aufzubauen und sie erfolgreich zu halten, muss nicht nur zum Start des Lizenzierungsprogramms investiert werden, sondern permanent, um die Lizenz frisch und attraktiv zu halten.

Wie schon erwähnt, ist gerade im Entertainment-Bereich das Licensing ein wichtiger Teil der Kalkulation bzw. eine wichtige zusätzliche Einnahmequelle neben dem Kerngeschäft. So erlöste beispielsweise das weltweit auflagenstarke Männermagazin *Playboy* in 2009 rund 900 Mio. US-Dollar Handelsumsatz in 150 Ländern allein mit Lizenzprodukten.[92] Aber besonders Kino- wie auch TV-Produktionen kosten enorm viel Geld. Ein Grund dafür ist u.a., dass bei Filmen heute fast immer Special Effects zum Einsatz kommen, für die Unsummen für Technik und Computer-Animationen ausgegeben werden. Daher bedenken nicht nur die großen US-Filmstudios bei der Entwicklung ihrer Projekte eine mögliche Verwendung des Artworks für Lizenzprodukte. Bereits zu einem frühen Stadium der Realisierung eines neuen Films wird deshalb mit großen (internationalen) „Key Partnern" wie *McDonald's*, *Burger King*, *Mattel*, *Hasbro* oder *LEGO* gesprochen.

James Camerons 3D-Epos *Avatar*, dessen erster Teil im Dezember 2009 weltweit in die Kinos kam, gilt bis dato mit geschätzten Produktionskosten von 300 bis 500 Mio. US-Dollar als der teuerste Film überhaupt. Es verwundert bei so hohen Kosten nicht, dass sich die Filmemacher auch hier schon frühzeitig Gedanken neben dem Verkauf von Kinotickets, DVDs und Fernsehrechten um die Refinanzierung gemacht haben. Eine Einnahmequelle war dabei neben Product Placement und Sponsoring auch Licensing. So wurde bei *Avatar* u.a. ein Lizenzdeal mit *Mattel* über Spielzeuge abgeschlossen, *Ubisoft* hat ein Computerspiel parallel zur Filmentstehung entwickelt, der Verlag *HarperCollins* veröffentlichte Kinderbücher und mit *McDonald's* wurde eine Gewinnspiel-Aktion in Nordamerika initiiert. Alle diese Kooperationen wurden lange vor Anlaufen des Films in die Wege geleitet. Weitere Lizenz-Deals folgten und werden folgen.[93]

Wenn sich *Camerons* Produktionsfirma *Lightstorm Entertainment* und der Verleih *20th Century Fox* weiterhin clever bei den Vermarktungsaktivitäten von *Avatar* anstellen, wird es ihnen vielleicht gelingen, mit den Filmen (Sequels[94] sollen 2014 und 2015 in die Kinos kommen) ein Dauerbrenner-Lizenzthema – vergleichbar mit *Star Wars* – aufzubauen. Beide

---

92 vgl. *Lucci* (2010), Seite 73

93 vgl. *Mielke/Schröder* (2010)

94 Sequel = engl. Fortsetzung (z.B. eines Kinofilms)

Filmproduktionen haben jeweils zu ihrer Zeit neue Maßstäbe bei der filmischen Umsetzung von Stoffen auf der Leinwand gesetzt. Bis dato ist *Avatar* mit 2,7 Milliarden Umsatz an den Kinokassen der erfolgreichste Filme aller Zeiten und wurde zudem 2010 u.a. mit Filmpreisen wie *Golden Globes* und *Oscars* ausgezeichnet.[95] Der Handelsumsatz mit Lizenzprodukten zu *Avatar* erreichte im Juni 2010, nur ein halbes Jahr nach dem Kinostart, bereits 153 Mio. US-Dollar.[96]

Für den langfristig angelegten Aufbau der Lizenz *Avatar* hat der Lizenzgeber entscheidende Maßnahmen ergriffen: Zwei Monate vor dem Kinostart begann der Verkauf der Lizenzprodukte in den USA. Die definierten 125 Produkte aus vier ausgewählten Key Categories „Video Games", „Spielwaren", „Bekleidung" und „Publishing" hatten das Ziel, die besonders auflagenstarken Produktkategorien zu nutzen und sich dabei auf ein besonders tiefes Sortiment zu stützen, das wiederum den Handelspartnern eine attraktive Platzierung in deren Filialen ermöglichte. Die Auflagen des Lizenzgebers waren richtungsweisend, denn die Lizenzprodukte mussten innovativ sein und u.a. den 3D-Effekt des Films, neuartige Materialien oder besondere technische Funktionen bei Spielwaren u.ä. verwenden, um das beeindruckende Kinoerlebnis über die Lizenzprodukte auch nach Hause zu transportieren. Die Produkte sollten so den Image-Aufbau dieses neuen Lizenzthemas unterstützen. In den nächsten Jahren will *20th Century Fox* die *Avatar*-Product-Range kontinuierlich durch weitere Produkte und Produktkategorien, die das Lizenzthema breiteren Zielgruppen und deren Bedürfnissen näher bringen sollen, erweitern. Das Lizenzthema soll langfristig lebendig gehalten werden: Es ist anzunehmen, dass dies durch die *Avatar*-Sequels noch unterstützt werden wird.[97]

Licensing wird bei Kinofilmen auf allen Verwertungsstufen (**Abbildung 5.1**) eingesetzt, um eine maximale Refinanzierung der Ausgaben oder idealerweise sogar maximale Gewinne aus der Lizenzverwertung zu erzielen. Dabei werden die unterschiedlichen Verwertungsstufen auch durch **Cross Promotions** z.T. auf Barter-Basis mit Partnern aus unterschiedlichen Branchen bestmöglich unterstützt. Ziel ist es, eine größtmögliche Aufmerksamkeit auf den Film sowie dessen nachgelagerte Verwertungsstufen wie Auslandsvermarktung, Video, Pay-und Free-TV wie auch auf die Lizenzprodukte zu lenken. Lizenzprodukte werden bei solchen Cross Promotions gern als Gewinnspielpreise eingesetzt, was zusätzliche Aufmerksamkeit generiert.

Wann sich die Produktions-, Distributions- und Marketingkosten durch die verschiedenen Verwertungsstufen eines Kinofilms allerdings amortisieren, ist unterschiedlich und muss nicht der Darstellung in **Abbildung 5.1** entsprechen – der Zeitpunkt der Refinanzierung kann früher, später oder auch nie eintreten, wenn ein Film an den Kinokassen floppt oder sich die Erwartungen an seine Auswertung insgesamt nicht erfüllen.

---

95 vgl. *http://multivu.prnewswire.com* (2012)

96 vgl. *Szalai* (2010)

97 vgl. *Casey* (2010)

Um das Risiko für den Lizenzgeber, aber auch den Lizenznehmer zu streuen, werden immer häufiger Lizenzvereinbarungen unterzeichnet, die mehrere Themen eines Lizenzgebers für bestimmte Lizenzproduktkategorien an einen Lizenznehmer vergeben. Daran gekoppelt sind oft eine gesamte Garantiesummenzahlung wie auch Lizenzgebühren, die vom Lizenznehmer zu zahlen sind. Die Lizenzgebühren können hier häufig querverrechnet werden: Wenn ein Lizenzthema deutlich schlechter am Markt abschneiden sollte als andere im Rahmenvertrag festgehaltene, wird die schlechte Performance so ausgeglichen.

Abbildung 5.1 Exemplarische Verwertungskette bei einem Kinofilm[98]

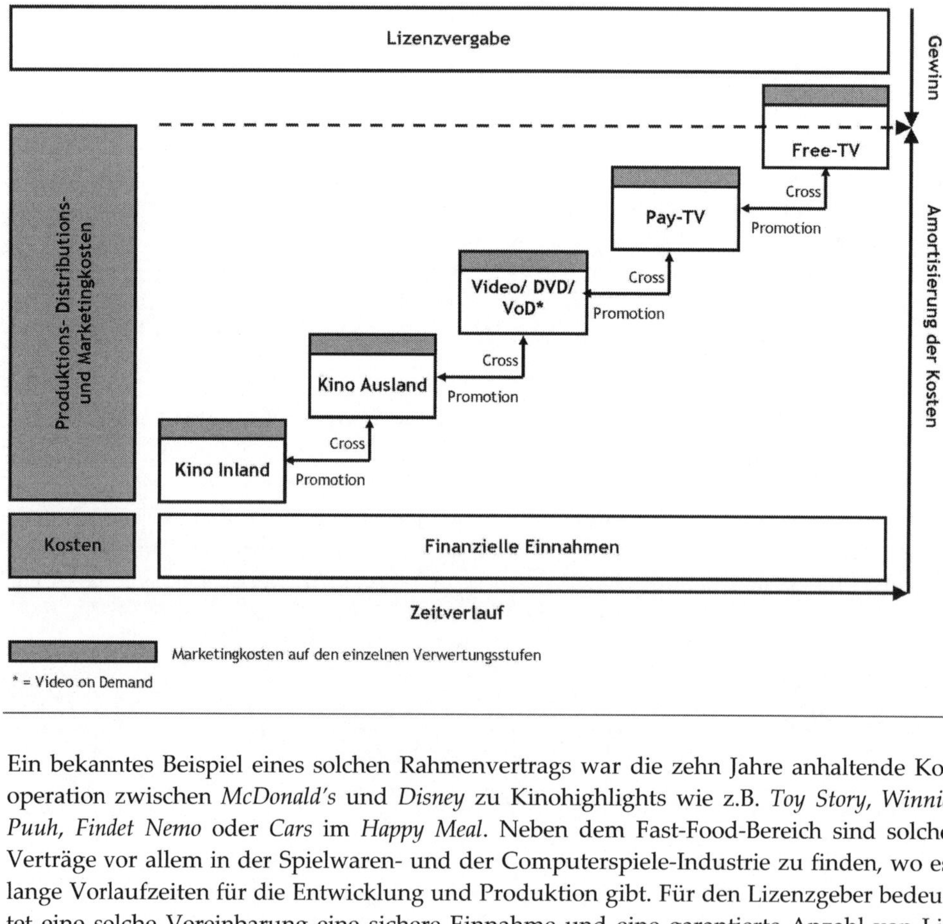

Ein bekanntes Beispiel eines solchen Rahmenvertrags war die zehn Jahre anhaltende Kooperation zwischen *McDonald's* und *Disney* zu Kinohighlights wie z.B. *Toy Story, Winnie Puuh, Findet Nemo* oder *Cars* im *Happy Meal.* Neben dem Fast-Food-Bereich sind solche Verträge vor allem in der Spielwaren- und der Computerspiele-Industrie zu finden, wo es lange Vorlaufzeiten für die Entwicklung und Produktion gibt. Für den Lizenzgeber bedeutet eine solche Vereinbarung eine sichere Einnahme und eine garantierte Anzahl von Lizenzprodukten im Markt, während sich für den Lizenznehmer vorrangig das finanzielle

98 vgl. *Siegert* (Bücher, 2001), Seite 172 (modifiziert)

Risiko splittet.[99] Ein weiterer Vorteil für beide Seiten ist, dass sich die Zusammenarbeit bei einer langfristigen Kooperation einspielt und bessere Synergien z.B. bei der Produktentwicklung zu ziehen sind – besonders, wenn diese langwieriger ist.

Eine andere Variante der Generierung hoher Lizenzumsätze für den Lizenzgeber ist der Abschluss von nicht exklusiven Lizenzvereinbarungen, so dass unterschiedliche Lizenznehmer in der gleichen Produktkategorie oder gar bei gleichen oder ähnlichen Produkten einbezogen werden. Dies funktioniert aus Lizenzgebersicht vor allem bei schon sehr erfolgreichen Themen, bei denen die Nachfrage auch von Lizenznehmerseite hoch genug ist. Allerdings besteht dann auch immer die Gefahr, dass sich die vergleichbaren Produkte unterschiedlicher Hersteller gegenseitig kannibalisieren. Weniger erfolgreiche oder neue Lizenzen können über eine solche Handhabung jedoch potentielle Lizenznehmer vergraulen. Außerdem können zu viele Produkte zu einer Lizenz durch Überpräsenz eines Themas im Markt durchaus mehr Schaden als Nutzen bringen.

Natürlich ist Licensing auch für anders aufgestellte Lizenzgeber eine interessante Einnahmequelle. Erfolgreiche Beispiele sind die Musikindustrie, die mit dem Verkauf von T-Shirts und anderen Fan-Artikeln auf Konzerten viel Geld verdient, oder Institutionen und Museen wie z.B. das weltbekannte Washingtoner Museum *Smithsonian Institution*, das in seinen Museen viele Lizenzartikel zu seinen Ausstellungen und mit seinem Logo vertreibt. Ebenso profitieren gemeinnützige Einrichtungen wie der *WWF – World Wide Fund For Nature* vom Licensing: Zwischen 2002 und 2008[100] führte dieser die bekannte Lizenz-Promotion zur Rettung des Regenwaldes gemeinsam mit der *Brauerei Krombacher* durch.

5.1.2 Umsatzeinschätzung für ein Lizenzthema (Lizenzgeber)[101]

Um herauszufinden, ob es sich überhaupt lohnt, ein Lizenzprogramm zu initiieren, sollte ein Lizenzgeber in jedem Fall eine Umsatzprognose für sein Lizenzthema erstellen. Ein solcher Forecast hilft auch, die Lizenzierungsstrategie für ein Thema zu optimieren.

Bei der Umsatzprognose ist es klug, sowohl ein Best-Case-Szenario wie auch ein Worst-Case-Szenario zu entwerfen. Zu hohe Erwartungen sind i.d.R. genauso schädlich wie zu pessimistische Prognosen, da sich ein Unternehmen entsprechend dieser auf das kommende Geschäftsjahr einstellt und z.B. Kapazitäten in Form von Mitarbeitern oder Produktionsmöglichkeiten auf- oder abbaut. Ebenso orientieren sich Partner wie Handel und Lizenznehmer an den Prognosen des Lizenzgebers. Völlig unrealistische Voraussagen können eine künftige Zusammenarbeit stören und durch den daraus resultierenden Vertrauensverlust sogar unmöglich machen.

---

99 vgl. *Raugust* (2008), Seite 148 f.
100 vgl. *www.wwf.de* (2008)
101 vgl. Kapitel 6.1.8 „Umsatzeinschätzung für ein Lizenzthema (Lizenznehmer)"

Eine vernünftige und realitätsnahe Finanzplanung für ein Lizenzthema kann nur erstellt werden, wenn die Marketingplanung hierfür mit einbezogen wird, da gerade das Marketing für ein Lizenzthema dessen Erfolg allgemein und damit auch Lizenzzahlungen durch Lizenznehmer maßgeblich beeinflusst. Unterschiedliche Komponenten können jedoch dessen Erfolg zusätzlich beeinflussen:

EINFLUSSNEHMENDE FAKTOREN AUF DIE LIZENZTHEMENUMSATZENTWICKLUNG, u.a.

- Wie groß ist die Zielgruppe des eigenen Lizenzthemas und deren Affinität zu Lizenzprodukten?
- Bei einem bereits eingeführten eigenen Lizenzthema: Seit wann sind Lizenzprodukte im Markt und um wie viele Produkte in welchen Auflagen handelt es sich?
- Bei einem neu einzuführenden Lizenzthema: Wie schnell können Lizenzprodukte in welchen Auflagen im Markt eingeführt werden?
- Seit wann sind Lizenzprodukte zu Konkurrenzthemen im Markt?
- Wie viele unterschiedliche Lizenzprodukte gibt es zu Konkurrenzlizenzthemen und wie breit sind diese im Handel vertreten?
- Wie bekannt ist das eigene Lizenzthema bereits?
- Welche Maßnahmen sind geplant, um die Bekanntheit des eigenen Lizenzthemas zu steigern und zu halten?
- In welchem Stadium des Lebenszyklus befindet sich das eigene Lizenzthema aktuell?
- In welchem Lebenszyklus-Stadium befinden sich Konkurrenzthemen?

Alle diese Faktoren haben Einfluss auf die finanziellen Werte eines Lizenzthemas. Für ein eingeführtes und seit Jahren erfolgreiches Thema können i.d.R. höhere Garantiesummen aufgerufen werden als für ein neues Thema. Ebenso ist die Hochrechnung der zu erwartenden Einnahmen aus Lizenzgebühren hier einfacher, weil vergangene Geschäftsjahre die Basis für die Prognose des kommenden Geschäftsjahres sind.

Einschätzungen auf Basis der oben genannten Punkte reichen bei der Prognose von Umsatzzahlen für ein neues Lizenzthema natürlich nicht aus. Um realistische Umsatzerwartungen zu formulieren, wirft die Analyse und der Vergleich mit ähnlichen Lizenzthemen empfehlenswert. Selbstredend dass die Konkurrenz nicht oft mit exakten Zahlen, Daten und Fakten freimütig um sich. Branchenpresse, Internetrecherche und Gespräche mit Handelspartnern können Anhaltspunkte für eine marktnahe Umsatzprognose geben.

Des Weiteren kann man die Endverbraucherpreise vergleichbarer Lizenzen und -produkte im Internet und/oder über sogenannte „Store Checks“ im Handel recherchieren und anhand der geplanten Anzahl der eigenen Lizenzprodukte sowie ungefähren Verkaufsmengen schnell einen ersten Eindruck bekommen, mit welchen Umsätzen zu rechnen ist. Dabei kann damit kalkuliert werden, dass der halbe Netto-Endverbraucherpreis ungefähr dem Einkaufspreis des Handels entspricht, der wiederum i.d.R. die Basis für die Berechnung der

Lizenzgebühren ist. Auch wenn die Handelsabgabepreise (HAP) bei den unterschiedlichen Handelspartnern variieren, ist es sinnvoll, mit einem durchschnittlichen Netto-Handelsabgabepreis von 50 Prozent vom Endverbraucherpreis zu rechnen. Wenn natürlich genauere Informationen über die Einkaufskonditionen und Absatzzahlen der Vertriebspartner vorliegen, sollte man die Umsatzprognose selbstverständlich mit exakten Margen rechnen.

In die Umsatzprognose muss eventuell zusätzlich die Agenturprovision[102] für eine eventuell eingeschaltete Lizenzagentur eingerechnet werden. Auch Miturheber und -entwickler eines Lizenzthemas müssen möglicherweise bei der Prognose der Lizenzumsätze berücksichtigt werden, da der Lizenzgeber diese unter Umständen an den Einnahmen aus der Lizenzierung beteiligen muss. Dies können beispielsweise Designer, Autoren, Filmproduktion oder ähnliche Personen und Firmen sein.

5.1.3 Analyse und Positionierung eines Lizenzthemas

Vor Beginn der Auswertung sollte das Lizenzthema eindeutig positioniert sein, denn: Die Positionierung des Themas hilft dem Konsumenten bei der Orientierung, sie macht Produkte mit vergleichbaren Eigenschaften unterscheidbar und sie gibt ihnen so einen USP.[103] Da der Endverbraucher i.d.R. Produkte mit klarer Positionierung vorzieht,[104] haben diese einen klaren Wettbewerbsvorteil. Zudem kann es nicht schaden, wenn ein Lizenznehmer gute Gründe wie eine klare Positionierung nennen kann, weshalb ein neuer Lizenznehmer für die Verwendung seines Lizenzthemas Geld bezahlen soll.

Bevor ein Unternehmen ein Lizenzierungsprogramm aufsetzt, sollte es also sicherstellen, dass die Charakteristika seines Lizenzthemas analysiert und diese präzise festlegt. Nur bei eindeutigen Werten und klarer Positionierung kann man sich die optimalen Maßnahmen für das Erreichen der gesteckten Ziele ergreifen.

CHECKLISTE: ANALYSE DES LIZENZTHEMAS:[105] [106] [107]

- Wofür steht das Lizenzthema?
- Was ist das Besondere an dem Lizenzthema?
- Würden (ausgewählte) Handelspartner Produkte mit dem Lizenzthema einkaufen und welche Erwartungen an Qualität und Design haben sie?
- Was denkt die Zielgruppe über das Lizenzthema? (z.B. Marktforschung, Fokusgruppen, Presse, Internet)
- Wie groß ist der Markt? Wer sind die Zielgruppen?

---

102 vgl. Kapitel 7.4 „Agenturprovision"
103 USP = Unique Selling Proposition, engl. für Alleinstellungsmerkmal
104 vgl. *Esch* (2006), Seite 235 ff.
105 vgl. *Raugust* (2008), Seite 93
106 vgl. *Krause* in: *Böll* (2001), Seite 415
107 vgl. *Engert* in: *Heinrichs/Schäfer* (1999), Seite 86 f.

- Wie sehen „Look & Feel" des Lizenzthemas aus? (Style Guide)
- Wie sieht das Konkurrenzumfeld an ähnlichen Lizenzthemen aus?
- Welche zeitliche Positionierung hat das Lizenzthema? (z.B. Kinostart)
- Wie ist die preisliche und vertriebliche Positionierung des Lizenzthemas?
- Welche Maßnahmen sind bei Marketing und PR für das Lizenzthema geplant?
- Ist das Lizenzthema rechtlich ausreichend geschützt?

Es gilt allgemein, dass das Lizenzthema umso stärker ist, je eindeutiger es positioniert ist. Das Design des Lizenzthemas ist ein Symbol dessen, für was es steht. Die Positionierung sollte nicht einfach nur konstruiert und auf ihre Wirkung ausgelegt sein. Sie benötigt Authentizität und muss gelebt werden, um den Konsumenten zu überzeugen. Das pure Erfinden eines Lizenzthemas und die kalkulierte Definition der Positionierung am Reißbrett wirken oft auf die Konsumenten künstlich und nicht überzeugend. Eine „gute" Lizenz verfügt neben bestimmten Eigenschaften über Werte, die wiederum die Identifikation des Konsumenten mit ihr ermöglichen, da sie ein Image aufbauen. Das Schlüsselwort in diesem Zusammenhang ist: Vertrauen des Endverbrauchers zur Lizenz – ohne dies ist der Misserfolg vorprogrammiert.[108]

Bei demografischen Marktdaten ist zu beachten, dass sich Zielgruppen im Zeitverlauf durchaus ändern können. Die Spielzeugpuppe *Barbie* zielte beispielsweise ursprünglich auf deutlich ältere Mädchen ab, als es heute der Fall ist. Des Weiteren sind heute die Zielgruppen immer stärker fragmentiert. Bei Kindern wird heute z.B. nicht mehr nur zwischen Mädchen und Jungen unterschieden, und man fasst auch nicht mehr pauschal alle Kinder in der Altersgruppe zwischen 6 und 12 Jahren zusammen. Stattdessen wird diese ehemals recht allgemein definierte Zielgruppe heute in **Pre-School-Kids** (3 bis 5 Jahre), **Grundschulkinder** (6 bis 10 Jahre) und **Tweens** (8 bis 12 Jahre) segmentiert. Auch innerhalb dieser Altersgruppen ist eine individuelle Einteilung unter Umständen nicht eindeutig möglich, denn die Kinder-Zielgruppen überscheiden sich u.a. bei der Alterseinteilung, weil Kinder sich unterschiedlich schnell entwickeln und aus diesem Grund durchaus auch bereits einer „älteren Zielgruppe" zugeordnet werden können, obwohl sie auf dem Papier dazu noch zu jung sind. Außerdem kann es sein, dass unterschiedliche Aspekte einer Lizenz unterschiedliche Kinder-Zielgruppen ansprechen: Was eigentlich hauptsächlich Tweens erreichen sollte, gefällt nämlich häufig auch kleineren Kindern. *High School Musical* ist ein Beispiel hierfür, denn die Fangemeinde beginnt hier bereits bei Grundschulkindern. Mit dem Unterschied, dass die jüngere Zielgruppe vorrangig das Tanzen und die Musik bei *High School Musical* toll findet, während für die meist weiblichen Tweens – und teilweise sogar auch noch **Teens**[109] – Hauptdarsteller *Zack Efron* den Reiz ausmacht.

Ebenfalls zu beachten ist, dass die Zuschauerzielgruppe eines Films oder einer Serie nicht identisch mit der Käuferzielgruppe (Sekundärzielgruppe) bzw. der Nutzerzielgruppe (Pri-

[108] vgl. *Halek* (2009), Seite 31 ff.

[109] Teen bzw. Teenager = Jugendlicher zwischen 13 und 18/19 Jahren

märzielgruppe) von Lizenzprodukten zum selben Thema sein muss. Ein Beispiel hierfür ist der erfolgreiche Dauerbrenner im Licensing *Star Wars*: Die Kinofilme sind keine Kinderfilme, die (Kinder-)Spielwaren verkaufen sich jedoch seit Jahrzehnten hervorragend, wie z.B. die *LEGO StarWars*-Range. Dieser Abstrahlungseffekt funktioniert i.d.R. nur von älteren zur jüngeren Zielgruppe, nicht aber umgekehrt.

Es gibt auch Ausnahmen, die aller Theorie über Marketingstrategien und Positionierung zu trotzen scheinen und dennoch schon sehr lange international erfolgreich sind. Ein Beispiel hierfür ist der japanische Lizenzgeber *Sanrio*, dessen Lizenzportfolio in 109 Ländern mit mehr als 1.700 Lizenznehmern und über 50.000 Lizenzprodukten vermarktet wird. Sein wohl bekanntestes Lizenzthema ist *Hello Kitty*, das 2009 seinen 35. Geburtstag feierte. *Hello Kitty* ist nach wie vor eines der beliebtesten Lizenzthemen weltweit, das nahezu alle weiblichen Zielgruppen erreicht. Bemerkenswert ist, dass *Hello Kitty*-Produkte sowohl in hochwertigen als auch günstigen Qualitäten und in allen erdenklichen Vertriebskanälen, inklusive Massenmarkt, vertreten sind und viele Produkte non-exklusiv an Lizenznehmer vergeben werden. Die Konsumentinnen scheinen alles, was mit *Hello Kitty* gebrandet ist, zu kaufen. *Sanrio* selbst begründet den langjährigen Erfolg damit, dass *Hello Kitty* einfach keines der üblichen Entertainment-Lizenzthemen ist.[110] Es ist anzunehmen, dass aber auch gut gemachte PR-Aktionen wie z.B. Kooperationen mit Prominenten wie *Lady Gaga*, ständig neue Designs und eine ausgeklügelte Distributionspolitik dem japanischen Unternehmen geholfen haben, anhaltend ein globales Zeitgeist-Thema zu erschaffen und auszubauen.

5.1.4 Allgemeines zum Aufbau eines Lizenzthemas

Die Auslizenzierung eines Themas kann also dabei helfen, dessen Bekanntheit aufzubauen, auszuweiten und sogar dessen Positionierung zu ändern. Da Produkte im Handel Kontakt zum Endverbraucher haben, sind lizenzierte Produkte hervorragende Botschafter für ein Thema, das ein Lizenzgeber weiter ausbauen möchte, denn viele Lizenzprodukte in großer Vertriebsmenge können viele Menschen erreichen. Leitmedien, wie z.B. eine TV-Sendung oder eine Modemarke, und Lizenzprodukte stützen sich dabei beim Aufbau der Markenbekanntheit gegenseitig.

Bevor sich ein Lizenzgeber auf Einnahmen, Imagezuwachs und vielleicht auch neue Zielgruppen und Vertriebskanäle für sein Lizenzthema durch ein erfolgreiches Lizenzprogramm freuen kann, muss auch er einiges dazu beitragen, dass sein Lizenzthema erst einmal bekannt wird und es dann auch bleibt. Ein wichtiger Schritt ist dessen eindeutige Definition. Meist funktioniert die Positionierung eines Lizenzthemas nur, wenn es auf Dauer angelegt ist, da sich ein Lizenzthema genauso wie eine klassische Marke nicht über Nacht schaffen lässt. Schon gar nicht dringt es kurzfristig in das Bewusstsein der Konsumenten derart tief ein, dass diese auch Lizenzprodukte kaufen würden. Der Lizenzgeber bestimmt die Strategie für die Lizenz, so dass es auch in seiner Verantwortung liegt, die strategischen Ziele durch dafür geeignete Maßnahmen zu erreichen. Dennoch bleibt es nicht aus, dass

---

110 vgl. *Lisanti* (2010)

gerade bei langfristigen Lizenzthemen die Positionierung hin und wieder angeglichen werden muss, um dem jeweiligem Status ihres Lizenz-Lebenszyklus Rechnung zu tragen, aber auch der Nachfrage und aktuellen Trends, um so für eine anhaltende Begehrlichkeit bei den Lizenznehmern und natürlich bei den Endverbrauchern zu sorgen.

Jedes Lizenzthema muss aufgebaut werden. Dies gilt für Klassiker wie *Mickey Mouse*, die seit Ende der 20er Jahre bekannt ist, ebenso wie *The Peanuts*, die es seit ihrem ersten Auftritt 1950 auf über 1.200 Lizenznehmer gebracht haben und allein in 2009 einen Umsatz mit Lizenzprodukten in Höhe von 2,1 Milliarden US-Dollar erwirtschaftet haben.[111] Ebenso für einen Kinofilm, der in einem Jahr in die Kinos kommen und dann voraussichtlich auch nur wenige Wochen ein „heißes" Thema bleiben wird. Neben einer Vermarktungsstrategie, der Auswahl und Ansprache passender Lizenznehmer muss auch der schon mehrfach erwähnte Style Guide[112] erstellt werden, anhand dessen die Lizenznehmer ihre lizenzierten Produkte entwickeln können. Die Aktivitäten der Lizenznehmer von Produktentwicklung über Werbung und PR müssen ebenfalls koordiniert und überwacht werden.

Für den Erfolg eines Lizenzthemas ist die Positionierung des Leitmediums von großer Bedeutung. Eine TV-Serie auf einem schlechten, die Zielgruppe nicht erreichenden Sendeplatz wird weder mit Zuschauerzahlen überzeugen noch mit Erfolgen beim Verkauf von Lizenzprodukten glänzen können. Wenn das Thema seinen Ursprung in einem Buch hat, sollte es möglichst in einem Verlag erscheinen, der bei den großen Buchhändlern gelistet und auf den Buchmessen vertreten ist und dessen Positionierung zur Zielgruppe des Themas passt. Marken sollten im Handel gut und prominent platziert sowie Kinofilme mit einer möglichst hohen Anzahl an Kopien in den Kinos zu sehen sein. Wenn das Leitmedium selbst kaum Aufmerksamkeit erzeugt, dann werden es davon abgeleitete Lizenzprodukte eher sehr schwer haben, ein Verkaufsschlager zu werden.

Um ein Lizenzthema „frisch" und attraktiv zu halten, ist ein konsequentes und kontinuierliches **Brand Management** beim Lizenzgeber notwendig. Oft wird diese Aufgabe von eigens hierfür zuständigem Personal übernommen. Zu den Pflichten des Lizenzgebers gehören beim Themenaufbau und der -pflege u.a. Maßnahmen wie Marketing, PR und Werbung für ein Thema, bei TV-Sendungen die Akquise eines möglichst attraktiven Sendeplatzes bei einem Fernsehsender, der die angestrebte Zielgruppe gut erreicht, aber auch ein Style Guide, der unter Umständen auch regelmäßig durch neue Designs ergänzt wird.

Es geht stets darum, die Aufmerksamkeit der Konsumenten auf das Thema zu lenken und diese dann aber dort auch zu halten. Entsprechend sind Werbung, Aktionen und PR rund um das Thema sehr wichtig. Um die Endverbraucher nicht zu langweilen, müssen dem Thema regelmäßig neue Aspekte hinzugefügt oder bestehende betont werden. Maßnahmen sind hier beispielsweise Sonderprogramme im Fernsehen wie ein *The Simpsons*-Tag, an dem besonders viele Folgen dieser Serie gezeigt werden. Auch Mitmachaktionen für die Zielgruppen oder Events wie Road Shows oder Autogrammstunden zählen dazu.

---

111 vgl. *www.licensemag.com* (2010)

112 vgl. Kapitel 6.2.1 „Style Guide"

Aus demselben Grund gibt es zu zahlreichen Lizenzthemen auch saisonale Artworks wie zu Weihnachten, Ostern, zum Schulbeginn oder zu speziellen Jubiläen des Lizenzthemas wie z.B. „25 Jahre im Handel" oder „100. Folge on Air". Andere Maßnahmen sind beispielsweise Kinofilme, die eine erfolgreiche TV-Serie ergänzen, wie es 2009 der Movie zu *Disneys* internationalem Quoten-Hit *Hannah Montana* tat. Umgekehrt passierte dies beim Kinoklassiker *Star Wars*, der zuletzt mit der animierten TV-Serie *Clone Wars* ergänzt wurde. Und auch der italienische Spielwarenhersteller *Giochi Preziosi* brachte seine Spielfiguren *Gormiti* mit einer eigenen Serie international erfolgreich ins Fernsehen, um sein Thema weiter auszubauen.

Hin und wieder können auch besondere Lizenzprodukte einem Thema neue Dimensionen geben. Im Kinder-TV-Bereich geschieht dies manchmal in Form von Musicals, bei denen die beliebten Stars aus dem Fernsehen als tanzende und singende Walking Acts für die kleinen Zuschauer greifbar und erlebbar werden. Auch Themenwelten in Freizeitparks wie z.B. das 2008 eröffnete *NICKLAND* im *Moviepark* in Bottrop mit den beliebten Figuren des Kindersenders *Nickelodeon* zählen dazu. Andere Beispiele sind DVD-Produktionen zu einem Spielzeugthema wie der *Bionicles*-Range von *LEGO* oder TV-Serien und Kinoabenteuer wie zu *Hasbros Transformers*-Figuren. Ein herausragendes Lizenzprodukt als Botschafter für ein Lizenzthema war 1996 *Stefan Raabs* Song zum 25. Geburtstag der *Sendung mit der Maus* „Hier kommt die Maus". Lizenzgeber sind häufig auf der Suche nach besonderen Lizenzierungsmöglichkeiten, da diese natürlich einerseits Einnahmen generieren, andererseits auch besonders aufmerksamkeitsstarkes Marketing- und PR-Tool für ein Lizenzthema sein können.

Auch Lizenzthemen für Erwachsene nutzen klug gewählte Lizenzprodukte, um interessant zu bleiben, weil diesen dadurch neue Aspekte über **Brand Extension** hinzugefügt werden. Ein Beispiel hierfür ist das 2010 in Dubai eröffnete erste *Armani*-Hotel weltweit, dem weitere mittlerweile gefolgt sind. Die italienische Modemarke wird u.a. auch durch Möbel, Parfums und Pralinen, die mit dem Namen *Armani* gebrandet sind, erweitert.[113]

Die eindeutige Positionierung eines Lizenzthemas sowie deren Erhalt und weiterer Ausbau ist der Kern für eine erfolgreiche Auslizenzierung – dies gilt aber grundsätzlich genauso für den Erfolg eines Unternehmens und seiner Produkte am Markt. Sie bringt für den Konsumenten hinsichtlich des Produktes Klarheit, Sicherheit, Bestätigung, Kontinuität, Status und Zugehörigkeitsgefühl,[114] worüber sich die Endverbraucher einerseits gewissermaßen definieren und andererseits zum Kauf bewegt werden. Daher ist es wichtig, dass ein Lizenzgeber ein strenges Auge auf die Gestaltung der Lizenzprodukte hat. Diese sollten im Sinne einer stringenten Markenführung mit dem Leitmedium konform gehen.

113 vgl. *Janotta* (2010)
114 vgl. *Olins* (2004), Seite 28

5.1.5 Selbst produzieren, einkaufen oder lizenzieren?

Die Grundsatzentscheidung eines jeden Lizenzgebers ist, ob er selbst weitere, sein Kernsortiment ergänzende Produkte (**Line Extension**) auf den Markt bringen soll oder ob er sich hierfür auf die entsprechenden Märkte und Produkte spezialisierte Partnerunternehmen sucht. Insbesondere, wenn es um Artikel geht, die außerhalb der Kernkompetenzen des Lizenzgebers liegen, ist dies eine wichtige Entscheidung.

Mit der eigenen Produktion gehen meist hohe Kosten für Produktentwicklung, die Produktion selbst und gegebenenfalls den Aufbau neuer Vertriebswege hierfür einher. Dazu muss stets auch der Zeitaufwand für die volle Kontrolle über alle Entwicklungsschritte und Entscheidungen, die hierfür zu treffen sind, einberechnet werden. Es kann Jahre dauern und kostet u.U. sehr viel Geld, bis die hierfür notwendigen Kompetenzen und Strukturen einsatzbereit sind und dann auch noch Einnahmen erwirtschaften.

Der Einkauf von Produkten bei anderen Herstellern hingegen bedeutet – ähnlich wie bei der eigenen Herstellung – die volle Kontrolle über das Sortiment und dessen Ausgestaltung; aber auch das volle Risiko bezüglich des Vertriebs, der für neuartige Produkte wenigstens teilweise neu aufzubauen ist. Hier sind die bestehenden Vertriebskanäle möglicherweise nicht ausreichend oder nicht kompatibel.

Durch die Ausgliederung ´von Produktion und Vertrieb auf den Lizenznehmer kann auf das schon vorhandenes Know-how von Partnern, die bereits in einem bestimmten Marktsegment mit bestimmten Produkten aktiv sind, gebaut werden. Die Lizenzierung von Produkten an einen externen Lizenznehmer kann auch als Outsourcing bezeichnet werden, bei dem das wirtschaftliche Risiko an den Lizenznehmer übertragen wird. Der Lizenzgeber hingegen kann sich so auf seine eigenen Kernkompetenzen konzentrieren und außerdem an der Führung seines Lizenzthemas arbeiten, um möglichst lange sowohl mit den eigenen Produkten als auch mit Lizenzerlösen rechnen zu können.[115]

Über die Zusammenarbeit mit Lizenznehmern wird i.d.R. eine höhere Produktverfügbarkeit am POS erreicht, die mit mehr Präsenz der Lizenz durch zusätzliche Produkte einhergeht. So kann es dem Lizenzgeber gelingen, ein sinnvolles Vollsortiment zu seinem Lizenzthema anzubieten, das er durch einige Instrumente wie den Lizenzvertrag, das Freigabeprozedere und den Style Guide beim Lizenznehmer trotzdem kontrollieren und beeinflussen kann. Außerdem kann er mit recht sicheren finanziellen Einnahmen in Form von Garantiesummen und Lizenzgebühren rechnen, für die er im Verhältnis wenig Eigenleistung erbringen muss. Es gibt aber auch zahlreiche Beispiele von Lizenzgebern, die ihre Strategie – egal ob sie selbst produzieren und vertreiben oder mit Lizenznehmern arbeiten – im Laufe der Zeit gewechselt haben oder eine Mischung aus beiden favorisieren. Der Münsteraner *Coppenrath Verlag*, Lizenzgeber von u.a. *Prinzessin Lillifee* und *Felix der Hase*, agiert so: Teile seiner gebrandeten Produkte stellt er selbst her und vertreibt sie im eigenen Namen, andere Produkte werden an Lizenznehmer vergeben.

---

[115] vgl. *Binder* in: *Esch* (2005), Seite 527 f.

Bei der Entscheidung für eine Strategie gibt es allerdings kein „richtig" oder „falsch". Letztlich ist es den individuellen Bedürfnissen und Zielen eines Lizenzgebers geschuldet, welchen Weg er als den optimalen und effektivsten betrachtet.

5.1.6 Rechtlicher Schutz des Lizenzthemas

Zu den wichtigsten Aufgaben des Lizenzgebers gehört es, wie bereits erwähnt, seine Lizenzthemen frühzeitig und im ausreichenden Rahmen rechtlich zu schützen, um gegen deren nicht autorisierte Nutzung vorgehen zu können.[116]

Plagiate und/oder sehr ähnliche Lizenzthemen können zu einem Problem werden, denn sie machen ein Lizenzthema austauschbar, so dass es unattraktiv für Lizenznehmer und auch Endverbraucher wird. Daher ist es unabdingbar, dass Lizenzgeber gegen die illegale Nutzung ihrer Lizenzthemen vorgehen. In einer immer internationaler werdenden Welt ist es dabei fahrlässig, nur an den eigenen nationalen Markt zu denken. Stattdessen sollte auch der internationale Markt beobachtet und dort gegen Markenpiraterie vorgegangen werden. Daneben sind Plagiate häufig auch in einer deutlich schlechteren Qualität gefertigt und verursachen so zusätzliche Imageschäden für das Lizenzthema.

5.1.7 Zeitliche Vorläufe

Für das Aufsetzen eines Lizenzprogrammes beim Lizenzgeber und/oder dessen Agentur muss ein zeitlicher Vorlauf eingeplant werden. Abläufe müssen implementiert, Kalkulationen und andere administrative Prozesse und Personal hierfür bereitgestellt werden. Zwischen Lizenzvertragsabschluss, der Auslieferung von Produkten an den Handel und der ersten Lizenzabrechnung können ein halbes bis eineinhalb Jahre oder gar mehr vergehen.

Allein bei einem Partner wie *McDonald's* werden mindestens 18 Monate Vorlauf veranschlagt – ein plausibler Umstand angesichts langwieriger Prozesse wie der Produktentwicklung, dem Freigabeprozess und der Sicherheitsüberprüfung. Immerhin müssen hier Spielzeuge in Millionenauflage hergestellt und per Schiff von Asien nach Europa gebracht und dann weiter an die einzelnen Filialen verteilt werden.

Wichtig sind für viele Lizenzgeber Garantiezahlungen, die die Lizenznehmer meist bei Vertragsabschluss zumindest anteilig zahlen. Da diese unabhängig vom Produktionsbeginn und Vertrieb der Lizenzprodukte zu entrichten sind, sind sie für den Lizenzgeber verhältnismäßig kurzfristig verfügbar.[117]

---

[116] vgl. Kapitel 4.1.4 „Rechtliche Absicherung von Lizenzthemen"
[117] vgl. Kapitel 6.1.6 „Lizenzgebühren und Garantiesummen"

5.2 Lizenzierungsstrategie des Lizenzgebers

Bevor die ersten Lizenznehmer akquiriert werden können, muss sich ein Unternehmen zum einen über seine Ziele in Bezug auf die Lizenzierung klar sein, zum anderen über die Strategie, mit der es diese Ziele erreichen will.

Vielfach geht es bei der Entscheidung für ein Lizenzierungsprogramm bei Lizenzgebern um die Erweiterung von Marktanteilen. Je beliebter und bekannter ein Lizenzthema, desto größer die Wahrscheinlichkeit, dass sich dies auch im Absatz der Waren, die mit diesem Thema gebrandet sind, manifestiert. Idealerweise profitieren hiervon das Leitmedium, wie z.B. eine Spielzeug- oder eine Modemarke, wie auch die von ihm abgeleiteten Lizenzprodukte wie Bettwäsche, Kinderbekleidung u.Ä., indem sie erhöhte Abverkäufe verzeichnen. Je bedeutender ein Lizenzthema bei der Zielgruppe ist, desto wertvoller ist es für den Lizenzgeber.[118]

Allen Strategien zum Trotz entscheidet am Ende der Endverbraucher, ob er eine Lizenz mag oder nicht. Daher kann ein langfristig angelegtes Lizenzthema plötzlich sinkende Umsätze verzeichnen oder eine vermeintlich kurzfristige Lizenz wird unerwartet zu einem Dauerbrenner. Der Lizenzgeber sollte im Idealfall seine Strategie den Marktgegebenheiten anpassen, damit sein Lizenzthema langfristig Umsätze erzielen kann.

Viele Lizenznehmer tendieren dazu, eher langfristig angelegte Lizenzthemen zu erwerben, da hier die Auswertungszeiträume größer sind und das Risiko eines Flops geringer ist. Über den Zeitverlauf können sich so die Abverkäufe, die eventuell nicht immer gleich gut sind, und die Entwicklungs- und Herstellungskosten besser amortisieren. Außerdem bieten kurzfristig angelegte Themen weniger Prognosechancen hinsichtlich ihrer Akzeptanz.

5.2.1 Tätigkeitsfelder bei der Vermarktung eines Lizenzthemas[119]

Aus der Positionierung des Lizenzthemas ergibt sich die Definition der gewünschten und unerwünschten Lizenzprodukte, die unbedingt Teil der Führung einer Lizenz sein sollte:

- **Musts:**
  Dies sind Produkte, Leistungen und Tätigkeitsfelder, die auf jeden Fall erschlossen werden sollen. Dies sind oft Produkte, die große Zielgruppen erreichen, Image bildend und besonders emotionalisierend sind wie z.B. Magazine, Bücher oder Spielwaren.

- **Nices:**
  Dies sind Produkte, Leistungen und Tätigkeitsfelder, die ein Lizenzthema erweitern, da sie neue Produktbereiche und/oder Zielgruppen erschließen und so dem Lizenzthema neue Facetten hinzufügen. Um ein Lizenzthema aufzubauen, ist eine Lizenz für dieses Tätigkeitsfeld aber nicht zwingend notwendig.

---

118 vgl. *Saldsieder* (2008), Seite 74 f.

119 vgl. *Halek* (2009), Seite 157

- **Don'ts:**
  Dies sind Produkte, Leistungen und Tätigkeitsfelder, die einer Lizenz schaden, da sie einem Thema Werte hinzufügen, die unerwünscht sind.

5.2.2 Distribution

Die Charakteristika eines Lizenzthemas definieren den Vertrieb seiner Lizenzprodukte. Ein eher hochwertiges und auf lange Auswertung ausgerichtetes Thema wie *Prinzessin Lillifee,* das aus dem Buchhandel stammt, findet sich eher in Kaufhäusern und Fachgeschäften. Dagegen haben Lizenzgeber bei kurzfristig angelegten Lizenzen wie Kinofilmen nur wenig Zeit für die Umsatzgenerierung und setzen daher meist auf die Verfügbarkeit der Lizenzprodukte. Deswegen schrecken sie meist auch nicht vor Massenvertriebskanälen wie den Discountern zurück.

Je hochwertiger ein Thema positioniert wird, desto stärker reglementieren die Lizenzgeber – zumindest zu Beginn der Lizenzauswertung – i.d.R. die Distribution. Häufig beginnt daher die Vermarktungsstrategie erst einmal mit dem Fachhandel und vergleichbaren Vertriebskanälen wie Kauf- und Warenhäusern. Erst im weiteren Verlauf der Lizenzierung werden die Themen dann auch für andere Vertriebskanäle geöffnet, um größere Zielgruppen zu erreichen. Der Massenmarkt, der vor allem über die Discounter erreicht wird, wird meist erst im späten Verlauf des Lebenszyklus einer Lizenz freigegeben oder nur punktuell.

Die Ausnahmen bei der Beschränkung von Vertriebskanälen bilden vor allem Lizenzthemen, die voraussichtlich nur kurze Zeit am Markt sein werden. Hier grenzen Lizenzgeber den Vertrieb in den seltensten Fällen ein. Es steht nur ein kurzer Auswertungszeitraum für die Lizenzprodukte zur Verfügung. Über den schnellen Warenabverkauf bei den Massenvertriebskanälen können viele Kontakte zu den Konsumenten generiert werden. Damit kann Bekanntheit und Beliebtheit des Themas auf- und ausgebaut werden. Dies kann positiven Einfluss auf den Erfolg des Leitmediums in Form von in diesem Fall vielen Kinobesuchern haben.

Die Discounter wie *Aldi, Lidl* oder *Netto* sind im deutschen Raum besondere Handelspartner. Bei ihnen werden in Aktionen innerhalb weniger Tage sehr große Mengen abgesetzt, was ein Lizenzthema pushen kann, ohne es auszuverkaufen, weil die Aktionen nur eine Woche dauern. Abgesehen davon erreicht eine Discounter-Aktion nicht nur viele Kunden durch ihre breite Klientenstruktur, sondern spült auch zusätzliche Gelder in die Taschen von Lizenzgeber und -nehmer, denn meist werden solche Aktionen mit einem gesonderten Lizenzvertrag vereinbart. Häufig werden die Discounter jedoch am Anfang einer Auslizenzierung eines Themas als Vertriebskanal ausgeschlossen, da eine zu frühe Massenmarktauswertung eines Themas dieses unter Umständen „verbrennt" und eine langfristige Auswertung dann nicht mehr möglich ist.

Eine weitere Distributionsmöglichkeit kann sein, dass sich ein Lizenzgeber entscheidet, bei bestimmten Handelspartnern Shop-in-Shop-Systeme zu seinem Lizenzthema zu installieren. Bei solchen Shop-Systemen wird entweder Verkaufsfläche bei einem Handelsunternehmen angemietet oder sie wird an den Handelspartner lizenziert. Die Anmietung kann entweder der Lizenzgeber selbst übernehmen oder wiederum ein Lizenznehmer, der diesen Shop genauso wie ein lizenzierendes Handelsunternehmen selbst betreibt und Lizenzgebühren von den im Geschäft getätigten Umsätzen an den Lizenzgeber abführt. Ein Shop-in-Shop trägt meist das Design des Lizenzthemas und führt ein umfangreiches Sortiment, inklusive – wenn vorhanden – Kernprodukten des Lizenzthemas. In der Modeindustrie sind Shop-in-Shop-Systeme zu bekannten Marken in Kaufhäusern besonders häufig zu sehen. Bei einer Entscheidung für Shop-in-Shops müssen natürlich auch die hierfür ausgewählten Handelspartner zu den festgelegten Distributionskanälen passen.

Als Alternative oder Ergänzung dienen hin und wieder vom Lizenzgeber oder von Lizenzpartnern betriebene reale Ladengeschäfte, in denen ebenfalls ein umfangreiches Sortiment zur Lizenz angeboten werden kann. Die italienische Modemarke *Benetton* lizenziert zum Beispiel seit langem international über Franchising viele ihrer Shops und auch viele Produkte wie Sonnenbrillen, Koffer, Uhren oder Bettwäsche, die neben den selbst hergestellten Produkten ihrer Kollektion in den *Benetton*-Geschäften – egal ob Franchise oder Konzerneigentum – vertrieben werden.[120]

Die Entscheidung über die erlaubten Absatzkanäle beeinflusst die Preise, zu denen die Lizenzprodukte angeboten werden. In einer Einzelhandelskette mit wenigen Outlets und eher hochwertig-teuren Produkten besteht ein anderes Preisgefüge als beispielsweise in einer Supermarktkette. Aus diesem Grund bestimmen auch die Absatzkanäle mit, zu welchen Preisen die Produkte eines Lizenzthemas angeboten werden. Außerdem werden in den verschiedenen Vertriebskanälen Waren unterschiedlich attraktiv präsentiert. Es ist daher sinnvoll, dass ein Lizenzgeber rechtzeitig Regeln aufstellt, in welchen Vertriebskanälen seine Produkte vertrieben werden dürfen.

5.2.3 Internationalisierung über Licensing

Je nachdem, in welchen Ländern ein Lizenzgeber bereits aktiv ist oder dies sein möchte, ist es für ihn von Interesse, dass seine eigenen Produkte wie auch Lizenzprodukte dort vertrieben werden. Aber nicht jedes Lizenznehmerunternehmen kann alle Lizenzterritorien bedienen. Des Weiteren gibt es in anderen Ländern vielleicht besser geeignete Lizenznehmer als diejenigen, mit denen man bereits im eigenen Land arbeitet.

Für die Vermarktung eines Lizenzthemas im Ausland ist es entscheidend, dass das Lizenzthema vor Ort den Geschmack der Konsumenten trifft. Daher kann es für einen Lizenzgeber sinnvoll sein, von Beginn an international zu denken und seine Lizenz so aufzubauen, dass sie länderübergreifend dem Geschmack der Endverbraucher entspricht. Das hat u.a. den Vorteil, dass beispielsweise Werbung und Kommunikation (wenigstens teilweise) international standardisiert werden können, was wiederum Kosten spart. Außerdem kann der Aufbau einer internationalen Lizenz dazu verhelfen, dass diese durch Erfolge auch im

---

120 vgl. *Molaro* (2004)

eigenen Land an Wert und Bedeutung gewinnt. Dieses kommt wiederum auch dem Wert des Lizenzgeberunternehmens zugute und kann beim nationalen Handel den Nachfragedruck der Endverbraucher nach damit markierten Produkten steigern.[121]

Für die Internationalisierung sollte sich ein Lizenzgeber vergegenwärtigen, dass sich der Endverbraucher-Geschmack im Ausland möglicherweise sehr von dem im eigenen Land unterscheidet und daher unter Umständen völlig andere Produkte nachgefragt werden, die auch anderen Qualitätsansprüchen genügen können. Dies kann die Lizenzierungsstrategie insbesondere bei Premium-Lizenzthemen für internationale Märkte stark beeinflussen. Besonders plakativ wird dies beim Vorstoß in die asiatischen Märkte. Dort spielen bei Produkten Plastik und Kitsch eine große Rolle – das geht mit der Wertigkeit von Produkten aus europäischer Sicht nicht immer konform. Ebenso kann es aber sein, dass ein national erfolgreiches Produkt in seiner Ursprungsform auch im Ausland nachgefragt wird, aber lokale Modifikationen wie z.B. Geschmacksrichtungen oder Farbgebung eingeplant werden müssen. Möglicherweise heißt dies aber auch, dass die Marktchancen in anderen internationalen Märkten schwinden, wenn man sich solchen ggf. notwendigen Anpassungen versperrt.[122]

Internationalisierung bedeutet, dass der Lizenzgeber die Zielländer analysieren sollte – egal ob er in dem Land ansässig wird oder ob er Lizenznehmer hinzuzieht. Es reicht nicht aus, nur die Entscheidung zu treffen, ob man selbst oder ein Lizenznehmer den Markteintritt im Ausland durchführt. Es ist wichtig, die Situation vor Ort genau zu kennen, um mögliche ökonomische wie auch Imageschäden vom Lizenzthema und damit auch vom Lizenzgeber fernzuhalten. Neben der Einschätzung des grundsätzlichen Potentials für das eigene Lizenzthema vor Ort spielen hier u.a. Faktoren wie die Marktgröße, Handels- und Produktionsbeschränkungen, die Handelsstruktur, lokales Markenrecht und kulturelle Eigenheiten eine Rolle.

Übrigens sollte nicht nur im Lizenzvertrag das Vertriebsgebiet zwischen Lizenzgeber und -nehmer fixiert werden. Auch in der Strategie des Lizenzgebers sollte festgelegt sein, welche Länder zu welchem Zeitpunkt bei der Auslizenzierung einbezogen werden sollen: Wenn eine TV-Serie nicht in einem bestimmten Land im Fernsehen zu sehen sein wird, macht es keinen Sinn, die Lizenzierung in diesem Land voranzutreiben.

5.2.4 Art und Qualität der Lizenzprodukte

Die Spezifika einer Lizenz können die Möglichkeiten der Lizenzierung von Produkten beschränken. Manche Einschränkungen liegen dabei auf der Hand: Allgemein sind z.B. für Kinderlizenzthemen natürlich andere Produkte zu lizenzieren als bei Themen, die sich vorwiegend an Erwachsene richten.

Die Positionierung und Zielgruppenansprache eines Lizenzthemas definiert zu dem eine Reihe von Restriktionen bei den möglichen Lizenzprodukten. Bei einem eher hochwertig angelegten Lizenzthema aus dem Luxussegment täte sich der Lizenzgeber keinen Gefallen,

---

121 vgl. *Voeth/Wagemann* in: *Ahlert/Olbricht/Schröder* (2004), Seite 192
122 vgl. *Voeth/Wagemann* in: *Ahlert/Olbricht/Schröder* (2004), Seite 193 ff.

sprächen seine Lizenzprodukte eher den Massenmarkt an und würden deswegen eine deutlich geringere Qualität aufweisen als die eigenen Kernprodukte. Genauso wenig würde es bei einer derartigen Marke sinnvoll sein, Produkte zu lizenzieren, die eine völlig andere Zielgruppe ansprechen als die Kernprodukte. *Davidoff*-Haarspangen für kleine Mädchen – wer sollte diese kaufen wollen?

Ein erfolgreicher Vertrieb basiert demnach auf einem stimmigen Imagetransfer[123] vom Lizenzthema zum Lizenzprodukt. Die inhaltlich zum Lizenzthema passenden Lizenzprodukte sollten über Vertriebskanäle vertrieben werden, die dem Kernprodukt bzw. der Kernmarke nicht schaden; ebenso sollten auch die Produkteigenschaften zum Lizenzthema passen. Dies gilt u.a. in Bezug auf Produktqualität, -design und -funktionen. Ein für gesunden Lebensstil stehendes Kinder-TV-Thema, wie das von dem ehemaligen isländischen Sportler *Magnus Scheving* entwickelte *LazyTown*, wäre bei einer Lizenzkooperation mit stark zuckerhaltigen Süßigkeiten unglaubwürdig. Ein solches Lizenzprodukt passt schließlich nicht zum Markenkern des Lizenzthemas. *Lazy Town* wird u.a. von der *Spanish Association against Cancer* genutzt, um gesundes Essen und den richtigen Schutz vor Sonnenstrahlen bei Kindern zu promoten.[124]

Hin und wieder sind bei der Definition der erlaubten Produkte auch Grundsatzentscheidungen des Lizenzgebers gefragt, da sie das Selbstverständnis eines Lizenzthemas betreffen. Das Eingehen einer Zusammenarbeit mit einem Toilettenpapier- oder Windelhersteller ist ein solcher Fall. Ist es okay für den Lizenzgeber, wenn ein Lizenzthema nach Benutzung in der Toilette bzw. im Müll landet?[125]

Mittlerweile nehmen Restriktionen bei bestimmten Produkten bei einigen Lizenzgebern fast schon politische Züge an: Insbesondere amerikanische Großkonzerne wie *Disney* nehmen verstärkt Abstand von Kooperationen mit Lebensmittelartikeln, die als ungesund gelten, viel Zucker und/oder Fett enthalten und sich vor allem an Kinder richten. Eine Konsequenz daraus war beispielsweise, dass *Disney* die lange bestehende Kooperation mit dem Fastfood-Riesen *McDonald's* 2006 beendete.[126]

Es ist allerdings nicht immer zwingend notwendig, dass die Lizenzprodukte dem Lizenzthema inhaltlich sehr nahe sein müssen. Die amerikanische Firma *Caterpillar* macht dies seit den 90er Jahren international vor: Die *Caterpillar*-Kernprodukte sind schwere Baumaschinen. Die Lizenzprodukte, die insbesondere in Europa sehr erfolgreich sind, verkörpern hingegen vorrangig einen robusten Outdoor-Lifestyle mit entsprechenden Bekleidungsstücken, Zubehör und Geschenkartikeln. Die Lizenzprodukte ergänzen und erweitern damit die Marke und das Image von *Caterpillar* und machen sie gegenüber der Konkurrenz dadurch unverwechselbar und schwer kopierbar.[127]

---

123 vgl. Kapitel 3.6 „Imagetransfer"
124 vgl. *Total Licensing* (2010)
125 vgl. Kapitel 5.2.1 „Tätigkeitsfelder bei der Vermarktung eines Lizenzthemas"
126 vgl. *www.spiegel.de* (2006)
127 vgl. *Olins* (2004), Seite 84 ff.

5.2.5 Anzahl der Lizenzprodukte

Auch muss der Lizenzgeber die Frage nach der Anzahl der lizenzierten Produkte im Markt klären. Für eine eher kurzfristig angelegte Lizenz wie einen Kinofilm mag es sinnvoll sein, so viele Produkte wie möglich in allen erreichbaren Vertriebskanälen zu lizenzieren. Der wahrscheinliche Auswertungszeitraum ist hier vergleichsweise kurz, so dass innerhalb dieses zeitlichen Rahmens so viele Lizenzeinnahmen wie möglich erwirtschaftet und zusätzlich die Bekanntheit der Lizenzmarke gesteigert werden sollen. Im Gegensatz dazu empfiehlt es sich meist beim Aufbau von langfristig angelegten neuen Lizenzen, schrittweise vorzugehen und die Anzahl der Produkte nur langsam zu erhöhen und gegebenenfalls hierbei außerdem auslaufende Lizenzverträge durch solche mit anderen Produkten zu ersetzen, um auch über die Produktauswahl zu einem Lizenzthema dieses attraktiv zu halten. Hierbei muss besonders auf die Passgenauigkeit (Imagetransfer) zum Lizenzthema geachtet werden, um die Nachfrage der Endverbraucher vorsichtig zu steigern und zu verhindern, dass durch „falsche" und zu viele Lizenzprodukte dem Thema durch nicht gewollte Etablierung eines bestimmten Images oder durch Übersättigung des Marktes geschadet wird.

Selbst namhafte Lizenzgeber wie *Disney* haben sich nach Jahren der starken Auswertung ihrer Lizenzthemen dazu entschlossen, die Anzahl ihrer Lizenzprodukte und Lizenznehmer zu reduzieren, um eine Marktübersättigung zu vermeiden aber auch eine bessere Kontrolle über die im Markt befindlichen Lizenzprodukte zu haben. Eine geringere Anzahl von Lizenzprodukten, eine damit einhergehende bessere Auswahl von Lizenznehmern und größere Kontrolle über die Lizenzprodukte führte bei *Disney* dazu, dass es weniger schlecht performende Lizenzprodukte gab und das Erscheinungsbild der Lizenzprodukte einheitlicher wurde. Dies förderte das positive Image der *Disney*-Themen.[128]

Aktuell ist der Trend zu beobachten, dass Lizenzgeber inzwischen nicht nur die Anzahl der Lizenzprodukte limitieren, sondern zum Teil auch die Anzahl von Lizenznehmern. Häufig werden strategische Vereinbarungen mit Schlüsselpartnern wie Spielwarenherstellern oder Lebensmittelpartnern geschlossen, die sich auf mehrere Lizenzthemen eines Lizenzgebers beziehen und über mehrere Jahre erstrecken.

5.2.6 Produktdesign[129]

Damit Produkt und Lizenz eine Einheit bilden, ist nicht nur der Imagetransfer wichtig, auch das Design spielt eine entscheidende Rolle. Die Gestaltung eines Produktes ist auch schon ohne die Verwendung einer Lizenz wichtig, denn sie ist ein zentrales Argument bei der Entscheidung des Endverbrauchers für oder gegen den Kauf. Ebenso ist ein ansprechendes Produktdesign ausschlaggebend für eine Handelslistung. Sogenanntes „Bapperl-Merchandising" – das simple Aufbringen des Logos eines Lizenzthemas auf ein

128 vgl. *Raugust* (2008), Seite 98
129 vgl. Kapitel 6.2.1 „Style Guide"

ansonsten schon fertiges Produkt – funktioniert nur selten. Für den Endverbraucher gibt es kaum Gründe, es zu kaufen, da es womöglich wegen der Lizenz auch noch teurer ist als ein anderes Produkt ohne eine Lizenz. Des Weiteren können zu billig produzierte Produkte einem Lizenzthema schaden, da die schlechten Produkteigenschaften per Imagetransfer auf das Lizenzthema übertragen und damit im Kopf des Konsumenten negativ damit assoziert werden.

Eigene Produktfunktionen, die auf die Lizenz zugeschnitten sind, machen ein Lizenzprodukt hingegen zusätzlich interessant für den Käufer (added Value). Der Haushaltswarenhersteller *Cloer* brachte Anfang der 2000er Jahre beispielsweise erfolgreich Waffeleisen zur Lizenz *Die Sendung mit der Maus* auf den Markt, die Waffeln in Form der Maus und ihrer Freunde backen konnten. Als Kontrast dazu können „uncoole" Schuhe oder andere nicht modische Bekleidungsstücke aus einem eigentlich sehr erfolgreichen Lizenzthema Ladenhüter machen, wenn die Produkte an sich nicht den aktuellen Trends entsprechen. Fazit: Das Marktpotenzial steigt, je größer die Einheit von Lizenz, Produkt und Produktfunktionen ist. Das Lizenzprodukt wird im Vergleich zum Standardprodukt ohne Lizenz einzigartig und legitimiert i.d.R. damit auch einen höheren Endverbraucherpreis.

Die Lizenzgeber geben den Lizenznehmern i.d.R. sogenannte **Style Guides** mit allen wichtigen Designvorgaben an die Hand. Gelegentlich übernehmen auch die Designer des Lizenzgebers die Gestaltung eines neuen Lizenzprodukts oder unterstützen zumindest die Lizenznehmer mit Entwürfen und Ideen, um es so attraktiv wie möglich zu gestalten und die Einheit von Lizenzthema und -produkt zu gewährleisten. Übrigens ist es nicht nur wichtig, dass das Produkt an sich das Design des Lizenzthemas gut interpretiert und nutzt, genauso wichtig ist die Verpackung, denn sie ist der erste Kontakt zum Endverbraucher.

Nicht nur das allgemeine Design eines Lizenzthemas und seiner Lizenzprodukte muss stimmig sein. Auch sollte der Lizenzgeber darauf achten, dass seine Designs attraktiv bleiben. Ein Lizenzthema wird sich nicht dauerhaft behaupten können, wenn es über Jahre mit den immer gleichen Artworks auf unterschiedlichen Produkten im Handel vertreten ist. Lizenzgeber sollten ihre Themen weiterentwickeln und spezielle Designs für bestimmte Produktkategorien entwerfen. Häufig sind auch saisonale Designs z.B. für Weihnachten oder Ostern gute Maßnahmen, um ein Thema „heiß" zu halten. Denkbar sind auch Artworks für unterschiedliche Zielgruppen und Trends – insbesondere im Bereich der Mode sollte Letzteres bedacht werden.

Das Design des Lizenzthemas sollte sich im Eigeninteresse des Lizenznehmers, aber auch natürlich im Interesse des Lizenzgebers, auf den Werbemitteln, in der PR und sämtlichen Promotion-Maßnahmen sowie bei der Präsenz im Handel und auf Messen widerspiegeln, um auch hier den positiven Imagetransfer zu gewährleisten, der sich dann in guten Umsätzen mit dem Lizenzprodukt niederschlägt.[130]

---

[130] vgl. *Manz* in: *Böll* (2001), Seite 43

5.2.7 Bekanntheit des Lizenzthemas aufbauen und pflegen

Damit eine Lizenz dauerhaft erfolgreich sein kann, müssen der Lizenzgeber und/oder seine Agentur die Bekanntheit für dieses Lizenzthema mit geeigneten Maßnahmen aufbauen und pflegen. Ältere Lizenzthemen wie eine TV-Serie aus den 80er Jahren, die schon lange nicht mehr on Air ist, erreichen und binden eher eingefleischte Fans über Lizenzprodukte mit sammelbaren Fanartikeln wie Kaffeetassen, T-Shirts oder Figuren, während Lizenzprodukte zu neuen Themen die Chance auf das Erreichen neuer Zielgruppen außerhalb der Kernzielgruppe des Themas bieten.

Oftmals ist der erste Schritt der Lizenzierung die Akquise von Medien-Lizenzprodukten. Gerade bei Kinderlizenzthemen, die häufig mit einer neuen TV-Serie oder einem Kinofilm starten, sind die „üblichen" ersten Lizenzprodukte Bücher, DVDs und Hörspiele – wobei letztere eine sehr deutsche „Spezialität" sind. Diese sogenannten „Storytelling-Produkte" können schnell Bekanntheit aufbauen. Außerdem sind diese Medien, genauso wie Spielwaren, die ebenfalls zu den üblichen „Startprodukten" bei Kinderlizenzthemen zählen, Standard in deutschen Kinderzimmern und verhelfen dazu, dass sich die Kids intensiv mit dem Lizenzthema auseinandersetzen. In der Folge werden spätere Lizenzprodukte mit hoher Emotionalität nachgefragt, sobald sie im Handel entdeckt werden. Und da gerade in Deutschland Bücher als hochwertig und pädagogisch wertvoll angesehen werden, ist es auch ein psychologischer Pluspunkt bei den Eltern, wenn Bücher den Launch eines neuen Kinderlizenzthemas unterstützen.

Insbesondere bei Kinder-TV-Themen verschwimmen die Grenzen zwischen Fernsehprogramm und Licensing. Medienpädagogen sehen es kritisch, wenn Kinder im Kinderzimmer bereits fast rund um die Uhr mit Themen aus dem Fernsehen umgeben sind und dazu die Produkte im TV beworben werden – zumal Werbungtreibende und Lizenznehmer auch Einfluss auf Sendeinhalte nehmen könn(t)en, um die Zielgruppe noch weiter zu beeinflussen. Es ist heute gang und gäbe, dass im Umfeld von Kindersendungen zu Gewinnspielen aufgerufen wird, bei denen es Lizenzprodukte zu gewinnen gibt, womit die Begehrlichkeit bei Kindern für diese Produkte sehr bewusst weiter geschürt wird.[131]

Seit 1993 sind die *Power Rangers* ein weltweiter TV-Serien-Quotenhit. Mittlerweile gibt es 18 Staffeln[132] der Serie, seit 2011 werden neue *Power Rangers*-Folgen für den Kindersender *Nickelodeon* produziert und die Lizenzprodukte verkaufen sich nach wie vor gut. Einer der wichtigsten Lizenznehmer für die *Power Rangers*-Spielwarenlinie war von Anfang an der Spielwarenhersteller *Bandai*. Dieser investiert international in TV-Werbung, während in den einzelnen Folgen die Funktionen und Einsatzmöglichkeiten der Figuren der Serie beschrieben werden, die es bei *Bandai* als Actionfiguren zu kaufen gibt. TV-Format und Lizenzprodukte verschmelzen hier und steigern so die Begehrlichkeit der *Power Rangers*-Lizenzprodukte bei den Fans der Serie.[133]

---

131 vgl. *zu Salm* in: *Böll* (2001), Seite 154 ff.

132 vgl. *www.wikipedia.de* (2011)

133 vgl. *Zacherl* in: *Böll* (2001), Seite 205-231, und *Spielzeug International* (2010)

Eine ähnliche Strategie verfolgt der US-Spielzeughersteller *Hasbro* mit seinen Actionspielfiguren *Transformers,* zu denen es seit Mitte der 80er Jahre mehrere animierte TV-Serien, Comics und drei Life-Action-Kinofilme sowie ein großes Portfolio an Lizenzprodukten gibt. Die unterschiedlichen Medien und Produkte sprechen unterschiedliche Zielgruppen an und erweitern so die Gesamtzielgruppe für *Transformers*: Die animierten Zeichentrickserien sprechen Jungen bis acht Jahre an, während die neueren Life Action-Filme mit dem Schauspieler *Shia LaBeouf* durch ihre deutsche FSK12-Freigabe[134] und die starke Betonung der Actionelemente für männliche Teenager und junge Erwachsene interessant sind.

Meist aufbauend auf den ersten Medienprodukten wird ein Portfolio an weiteren, zum Lizenzthema passenden Produkten entwickelt. Es ist naheliegend, dass bei Kinderthemen im nächsten Schritt Spielwaren-Produkte lizenziert werden sollten. Diese helfen dabei, das Erlebnis mit dem Lizenzthema (ins Kinderzimmer) zu verlängern und zu emotionalisieren. Hat das Thema eine gewisse Bekanntheit erreicht, steht häufig ein Magazin sehr weit oben auf der Wunschliste der Lizenzgeber. Dieses dient nicht nur dazu, die Bekanntheit und Beliebtheit eines Themas weiter auszubauen, sondern auch, um dazu passende Lizenzprodukte vorzustellen – über redaktionelle Beiträge, Gewinnspiele und Anzeigen.

Im späteren Lizenz-Lebenszyklus werden mittlerweile auch in Deutschland besonders im Kinderbereich weitere Entertainment-„Produkte" initiiert, die teilweise PR-Maßnahmen der Lizenzgeber sind und teilweise lizenzierte Produkte: Dies können TV-Movies, Kinofilme, Sonderprogrammierungen im Fernsehen wie ein *SpongeBob*-Tag sein, an dem auf allen *Viacom*-Sendern (*Nickelodeon, MTV* und *VIVA*) den ganzen Tag über *SpongeBob*-Folgen und -Trailer gezeigt werden, oder Musicals und Familien-Events, wie die seit 2006 jährlich in Deutschland stattfindende *Looney Tunes Sportparty-Tour* von *Warner Bros Consumer Products,* die gemeinsam mit namhafte Partnern Kinder zu Sport und gesundem Lebensstil animiert. Andere Beispiele sind Mitmachgewinnspiele wie die von *SUPER RTL* in 2008 durchgeführte *Bob der Baumeister-Sonnenblumen-Kampagne* in Kindergärten, Themenreisen wie das *Was ist Was - Rittercamp* oder das *TOGGO Sommercamp* des Lizenznehmers *RUF Jugendreisen*. Auch Fan-Clubs, Social Communities im Internet oder publikumswirksame Charity-Aktionen gehören zu solchen Maßnahmen. Manche dieser Aktionen sind Lizenzprodukte, andere sind Image fördernde und zielgruppenbindende Maßnahmen des Lizenzgebers selbst.

Kinofilme werden durch ähnliche erste Produkte am Anfang ihres Lebenszyklus gepusht. Allerdings ist es gerade bei Kinofilmen, die nicht Teil einer (möglichst bereits erfolgreichen) Reihe sind, deutlich schwieriger, schnell Bekanntheit aufzubauen. Wenn Filme von Anfang an als Serie geplant und vermarktet werden bzw. nach einem erfolgreichen ersten Kinofilm doch noch ein oder mehrere Nachfolgefilme in die Kinos kommen, ist es leichter, ein Thema längerfristig als Lizenzthema erfolgreich zu positionieren, da mehr Zeit für den Aufbau und die Pflege des Themas zur Verfügung steht und man i.d.R. auf erfolgreiche Vorgängerfilme aufbauen kann. Sehr erfolgreiche Beispiele hierfür sind die *Twilight*-Movies, *Spiderman, Harry Potter, Shrek* oder auch *Disneys Toy Story*-Reihe, deren erster Film 1995 als erster

134 FSK = Freiwillige Selbstkontrolle der Filmwirtschaft; hier: FSK 12 = frei ab 12 Jahren

vollständig animierter Kinofilm Premiere hatte und deren vorerst letzter Teil *Toy Story 3* im Sommer 2010 in die Kinos kam. Allein in den USA generierte der dritte *Toy Story*-Film an den Kinokassen 1 Milliarde US-Dollar, während der weltweite Handelsumsatz mit Lizenzprodukten bis Ende 2010 2,4 Milliarden US-Dollar erreichte.[135] Die bessere Chance auf höhere Lizenzerlöse aufgrund eingeführter Figuren und Story, die das Interesse der Endverbraucher bereits haben und somit auch das Risiko für Lizenznehmer reduzieren, ist wohl auch einer der wichtigsten Gründe dafür, warum *Disneys* Animationsstudio *Pixar* derzeit vorwiegend auf Sequels erfolgreicher Filme setzt wie etwa auf Fortsetzungen von *Cars* (der zweite Film startete im Sommer 2011) und *Monster AG*.[136] Und dort, wo vielleicht inhaltlich ein Sequel keinen Sinn (mehr) macht, werden stattdessen sogenannte Prequels produziert, die die Story vor den bisherigen Filmen erzählen. Beispiele: *Star Trek* oder *Planet der Affen*.

Auch im Erwachsenenbereich werden Lizenzthemen über spezielle Aktivitäten des Lizenzgebers interessant gehalten. *Mattel* unterstützte z.B. *Barbie*'s 50. Geburtstag (2009) durch Kooperationen mit Marken wie *H&M* oder die pressewirksame Zusammenarbeit mit namhaften Designern und Mode-Labels wie *Dior*, *Benetton* oder *Armani*.[137]

Häufig werden auch Jubiläen wie „10 Jahre on Air" oder Firmengründungsjahre genutzt, um ein Thema medienwirksam zu platzieren. Andere Daten für die Initiierung eines neuerlichen Hypes unter Einbindung der Medien sind die Veröffentlichung der DVD zu einem Kinofilm oder die nächste Tour eines Popstars, der lizenziert werden kann.

Insbesondere im Bereich der Vermarktung von Kunst und Künstlern verhelfen Life Style orientierte Lizenzprodukte wie Wohnaccessoires (Küchenprodukte, Bettwäsche, Schreibwaren usw.) manchmal erst dazu, dass diese einer größeren Zielgruppe bekannt und so verstärkt von Endverbrauchern nachgefragt werden. Gleiches gilt für andere, an erwachsene Zielgruppen gerichtete Themen. Licensing ist hier also eine Art Selbstzweck für den Aufbau neuer (Kunst-) Lizenzthemen. Der New Yorker Künstler *James Rizzi* wurde beispielsweise erst richtig bekannt, als Lizenzprodukte wie Espressotassen, Postkarten und Notizhefte mit seinen Designs in den Handel kamen. Der Künstler schaffte über die erschwinglichen Preise seiner Produkte den Weg zu den „Otto-Normal-Verbrauchern", die sich dadurch immer mehr für seine Kunst zu interessieren begannen.

Neben klassischen PR- und Marketingmaßnahmen, die natürlich auch ergriffen werden sollten, initiieren Lizenzgeber bzw. Lizenzagenturen auch gezielte Promotions mit Handelspartnern, Herstellern von sogenannten **Fast Moving Consumer Goods (FMCG)** und anderen auflagenstarken Partnern oder Aktionen mit Medienpartnern, die z.T. als **Bartergeschäft** (auf Gegengeschäftsbasis) abgeschlossen werden. Besonders für kurzlebige Lizenzthemen wie Kinofilme werden Promotions angestrebt. Diese haben zum Ziel, Lizenzthemen ins Gespräch zu bringen, eine große Zielgruppe durch gezielte Aktionen anzusprechen und diese zu erweitern. Auch diese Aktionen emotionalisieren und machen aus einem

135 vgl. *License! Global* (2011)
136 vgl. *Eller/Chmielewski* (2010)
137 vgl. *www.vogue.co.uk* (2009)

Thema ein Lizenzthema „zum Anfassen", was zur Konsumentenbindung beiträgt und potenzielle neue Kunden neugierig macht. Partner für solche Aktionen können auch gemeinnützige Organisationen sein, die medienwirksam am Verkauf der Produkte beteiligt werden, oder auch große Food-Partner (z.B. *Nestlé* oder *Burger King*), die über hohen Warenumschlag bzw. große Restaurantbesucherzahlen und hohe Werbeausgaben riesige Zielgruppen erreichen.

Es gehört zu den Aufgaben des Lizenzgebers, Maßnahmen für den Aufbau und Erhalt der Attraktivität eines Lizenzthemas einzuleiten. Es ist sinnvoll, bestehende Lizenznehmer als Partner mit ins Boot zu holen und in die Aktionen zu integrieren, da sie ja letztlich die Umsätze mit dem Lizenzprodukt generieren sollen. Es wäre kontraproduktiv, hätten sie aufgrund von Unkenntnis einer solchen Kampagne womöglich nicht genug Ware auf Lager, wenn eine großangelegte Aktion für ein Lizenzprodukt startet. Zweckmäßig ist die Erstellung eines jährlichen Aktionskalenders für das jeweilige Lizenzthema, in dem die Aktivitäten– Werbemaßnahmen, Handelsaktionen, Product Launches von Neuheiten und herausragenden Produkten etc.– für dieses eingetragen und strategisch sinnvoll über das Jahr verteilt werden, damit das Lizenzthema in den Köpfen der Konsumenten bleibt bzw. zu bestimmten Anlässen wie dem Start einer neuen TV-Staffel besonders hervorgehoben wird. Dabei muss der Auf- und Ausbau des Lizenzthemas das Ziel sein, ohne es zu übertreiben, damit der Endverbraucher sich aufgrund von **Over Exposure**[138] nicht genervt von der Lizenz abwendet. Ein Schicksal, dass z.B. der Modemarke *Ed Hardy* widerfahren ist, die zeitweise extrem stark im Handel vertreten war, bis die Nachfrage schlagartig nachließ.

5.2.8 Restriktionen bei der Produktion von Lizenzprodukten

In einer stark globalisierten Welt werden viele Produkte des Alltags im Ausland produziert. Genauso wie man heute wie selbstverständlich in asiatischen Ländern, wo auch ein Großteil der bei uns erhältlichen Lizenzprodukte hergestellt wird, produzieren lässt, werden dort europäische und amerikanische Standards bei der Herstellung vorausgesetzt. Dies geschieht aus einem Selbstverständnis der Unternehmen heraus, die für „sauber" produzierte Waren stehen wollen. Dies wird von den Konsumenten immer mehr erwartet.

Eine fragwürdige Produktion z.B. mit gesundheitsschädlichen Inhaltsstoffen oder auf Basis von Kinderarbeit kann das Image eines Lizenzthemas und seines Lizenzgebers empfindlich schädigen – auch wenn er nicht selbst der Hersteller der Lizenzprodukte ist, sondern ein Lizenznehmer. Beispielsweise gingen 2007 die bleihaltigen Spielzeuge zu *Disney/Pixars* Kinohit *Cars* wochenlang durch die internationale Presse und haben dem Lizenzgeber wie auch dem Lizenznehmer *Mattel* damit einen schweren Imageschaden zugefügt.[139]

Viele Unternehmen achten aber nicht erst seit dem *Cars*-Skandal auf sichere Herstellung und saubere Inhaltsstoffe ihrer Produkte. Viele der großen Konzerne haben detaillierte

138 Over Exposure = in diesem Zusammenhang engl. für Überpräsenz, Übertreibung

139 vgl. *www.mattel.de* (2007)

Zertifizierungen für die Hersteller ihrer Produkte aufgestellt. Diese schreiben neben der Produktion an sich auch umfangreiche Sicherheitstests für die Produkte sowie die Hygiene-und Arbeitsstandards der Mitarbeiter vor. Diesen Vorgaben wird im Lizenzvertrag zugestimmt. Sie werden auch unangekündigt vor Ort überprüft. Vor allem die Spielzeug- oder Kindermedienkonzerne wie z.B. *Ravensburger*, *Hasbro* oder *Warner* achten mit Argusaugen darauf, dass ihre Hersteller gemäß ihrer hohen Standards, die häufig weit über den in Europa und Amerika geltenden gesetzlichen Vorschriften liegen, produzieren – um ihr eigenes Image sauber zu halten.

5.2.9 Timing beim Lizenzthemenverkauf

Lizenzgeber fangen i.d.R. sehr früh an, ihre Themen potenziellen Lizenznehmern vorzustellen. Großkonzerne wie z.B. *Unilever*, *Nestlé*, *Kellogg* oder *Procter & Gamble* sind attraktive Partner, weil ihre Produkte in kurzer Zeit in sehr großen Mengen über den Ladentisch gehen. Deshalb werden sie besonders wegen möglicher Lizenzkooperationen umworben. Sie haben jedoch auch lange Vorlaufzeiten bei Planung und Umsetzung, so dass diese Partner meist in einem sehr frühen Stadium kontaktiert werden. Auch in anderen Branchen wie etwa der Computerspiele-Industrie ist ein langer Vorlauf für die Produktentwicklung Voraussetzung für eine Kooperation. Viele der großen und meist global operierenden Unternehmen haben Licensing Manager, die im Lizenzmarkt zu Hause sind und Marktdaten unterschiedlicher Märkte kennen und interpretieren können.

Bei über eineinhalb Jahren Vorlauf, der für eine große Promotion im Food-Bereich mindestens veranschlagt wird, ist es oft noch gar nicht möglich, fertige Filme, Style Guides oder Vermarktungsmaterial zu präsentieren, da der Lizenzgeber selbst noch daran arbeitet. Entsprechend wird mit Skizzen, Story Lines und ersten Designs gearbeitet, die die Lizenzeinkäufer hoffentlich überzeugen. Hin und wieder werden diesen Schlüsselpartnern auch erste fertige oder nur teilweise fertige Ausschnitte eines Films oder einer Serie in besonderen Vorführungen gezeigt, um sie frühzeitig mit ins Boot zu holen.

Bei Fernsehserien warten Lizenznehmer häufig erst die Performance der ersten Folgen oder gar der ersten Staffel ab, bevor sie sich dafür entscheiden. Erfolgsmeldungen aus dem Ausland, wo die Serie unter Umständen bereits erfolgreich läuft, sind unterstützende Argumente für den Einkauf eines Lizenzthemas. Es muss in diesem Zusammenhang jedoch festgehalten werden, dass ein Erfolg eines Lizenzthemas im Ausland keine Garantie für einen ebenso großen Erfolg in Deutschland ist, da Märke und Konsumentenpräferenzen sich von Land zu Land zum Teil sehr unterscheiden.

Lizenzverkäufer sollten stets auch die wichtigen Messen der potenziellen Lizenznehmer im Blick haben. Auf diesen werden dem Handel die Neuheiten meist mit fertigen Produkten oder Prototypen präsentiert, die dann später in den Geschäften zu finden sind. Entsprechend rechtzeitig müssen der Lizenzvertrag unterzeichnet, die Produkte entwickelt und freigegeben sein, damit sie zur jeweiligen Messe vorgestellt werden können. Dies ist wichtig bei der Planung der Markteinführung von Lizenzprodukten, da die Messen den Erfolg von (Lizenz-) Produkten im Handel maßgeblich beeinflussen können.

Kalender beispielsweise werden dem Handel in Deutschland im Januar auf der Frankfurter Messe *Paper World* für die jeweils nächste Kalender-Saison angeboten. Ist zu einem Kinostart auch ein Kalender geplant, muss, damit dieser auch im Jahr des Kinostarts im Handel erhältlich ist, entsprechend früh mit Kalenderverlagen verhandelt werden. Bei Kalendern sollte man außerdem nicht vergessen, dass diese ab Spätsommer für das nächste Kalenderjahr im Handel sind. Für einen neuen Kinofilm eignet sich das Anstreben eines Kalenders als Lizenzprodukt daher vor allem dann, wenn der Film im Herbst vor dem entsprechenden Kalenderjahr des Kalenders in die Kinos kommt. Ein Frühlingsfilm ist möglicherweise im Spätsommer wieder vergessen und eignet sich daher nicht immer für einen Kalender.

Viele Lizenznehmer wollen beim Einkauf von neuen Themen keine Risiken eingehen und betreiben Marktforschung in Eigenregie, bevor sie ein Thema auswählen. Wenn ein potenzieller Lizenznehmer eine Marktforschung für die Entscheidung bezüglich eines Lizenzthemas durchführt, so bedeutet dies natürlich zusätzlich das Einkalkulieren von Zeit bei der Planung der Markteinführung. Üblicherweise sprechen Lizenznehmer zumindest aber mit einem ihrer Handelspartner, um das Potenzial eines Lizenzthemas abzuwägen, bevor sie sich für dessen Einkauf entscheiden.

5.2.10 Timing bei der Markteinführung

Der richtige Zeitpunkt, ein Produkt im Markt einzuführen, entscheidet vielfach über dessen Erfolg. Es liegt auf der Hand, dass beispielsweise ein weihnachtliches Produkt in der Osterzeit keine Chance am Markt haben würde.

So ist es bei Kinofilmen wichtig, dass die dazu passenden Lizenzprodukte rechtzeitig vor Filmstart – ideal sind vier bis sechs Wochen vor dem Premierentag – in den Geschäften erhältlich sind. Wegen des meist kurzen Auswertungszeitraumes von Kinofilmen ist es hier essentiell, dass die Produkte pünktlich im Handel sind und die Promotion des Kinoverleihers für den Film auf vollen Touren läuft. So wird das Interesse an dem Film geweckt und der Verkauf der Lizenzprodukte unterstützt. Bei Lizenzprodukten zu Marken kann es sinnvoll sein, ein Event wie z.B. ein Markenjubiläum als Termin für den Launch von Lizenzprodukten zu wählen, um so die Medienaufmerksamkeit im Zusammenhang mit dem Jubiläum für die Lizenzprodukte zu nutzen.

Es kann ebenso positive Effekte haben, wenn eine größere Anzahl von Lizenzprodukten zeitgleich am Markt eingeführt wird. So besteht die Chance einer Sonderplatzierung im Handel, die die Aufmerksamkeit der Endverbraucher erhöht. Andererseits kann eine größere Anzahl von gleichzeitig zu einem Lizenzthema erhältlichen Produkten auch die Nachfrage nach kurzfristigen Trendthemen besser decken. Inzwischen ist es üblich, dass Lizenzgeber bzw. Lizenzagenturen engen Kontakt zu wichtigen Handelspartnern pflegen,[140] um gemeinsame Aktionen unter Einbeziehung verschiedener Lizenzpartner voranzutreiben.

---

140 vgl. Kapitel 8 „Handel“

Die „Choreographie" der Markteinführung der einzelnen Produkte zu einem Lizenzthema ist ebenfalls oft ausschlaggebend für den Erfolg eines Lizenzthemas. Bei Kinderlizenzthemen sind meist eine größere Produktpalette an Spielwaren eines Lizenznehmers, Bücher und/oder ein Magazin sowie Hörspiele die wichtigsten ersten Produkte, um ein Thema im Lizenzmarkt zu etablieren. Handelt es sich um eine TV-Serie, ist auch die DVD zur Serie ein wichtiges Produkt der „ersten Stunde". Mit all diesen Produkten wird erreicht, dass sich Kinder mit dem Lizenzthema intensiv beschäftigen – z.B. auch durch Rollenspiele zu Hause – und die Nachfrage darauf basierend angekurbelt wird.

Es ist auch wichtig, nicht zu viele Produkte am Anfang im Markt zu haben, sondern die Nachfrage langsam aufzubauen, damit nicht zu schnell eine Saturierung bezüglich des Themas einsetzt – zumal der Handel schnell Produkte aus der Listung wirft, wenn sie nicht den Verkaufserwartungen entsprechen.

5.3 Verwaltung eines Lizenzprogramms (Lizenzgeber)

Hinter einem Lizenzthema sollte immer eine funktionierende Verwaltung (**Abbildung 5.2**) stehen. Der Lizenzgeber sollte Personal bereitstellen, das die Aufgaben rund um das Lizenzprogramm begleitet.

Abbildung 5.2 Kontrollbereiche in der Prozesskette des Licensing beim Lizenzgeber[141]

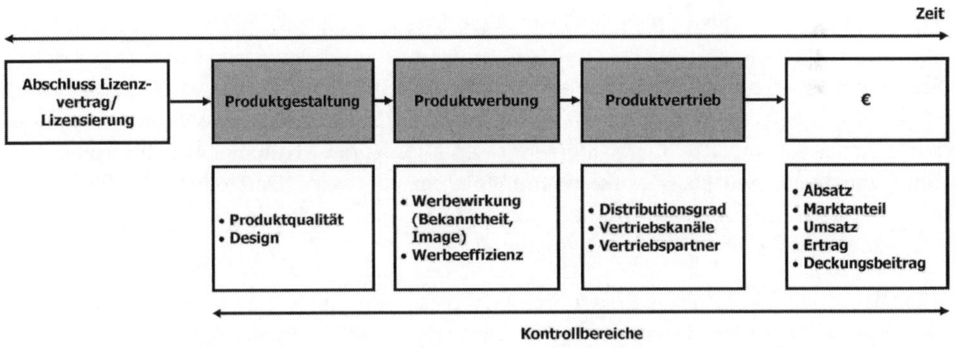

Viele der Aufgaben rund um die Lizenzierung, insbesondere bei einem erfolgreichen Thema oder gar mehreren Themen, fallen täglich oder zumindest regelmäßig an. Dazu zählen der Freigabeprozess, die Anforderung und Kontrolle der Lizenzabrechnungen,

141 vgl. *Saldsieder* (2008), Seite 203 (modifziert)

Kommunikation von Neuigkeiten rund um das Lizenzthema an die Lizenznehmer und die Presse oder Koordination von Aktionen zum Lizenzthema.

Gerade die Kommunikation zwischen Lizenzgeber und -nehmern ist bedeutend. Je besser diese eingespielt ist, desto größer ist die Chance auf Erfolg der Lizenzprodukte, da die bestmögliche Abstimmung schon wegen des optimalen Imagetransfers im Interesse beider Seiten sein sollte. Viele Lizenzgeber und -agenturen organisieren **Lizenznehmer-Treffen**, zu denen sie ihre bestehenden, aber zum Teil auch potenzielle Lizenznehmer sowie Handelspartner einladen. Bei diesen Treffen werden die schon bekannten und neue Lizenzthemen vorgestellt sowie dazu geplante Aktivitäten. Ein weiteres Ziel dieser Zusammenkünfte ist es, Synergien zu schaffen und die Entwicklung gemeinsamer Aktionen verschiedener Lizenznehmer zu initiieren.[142]

5.4 Lizenznehmerakquise

Lizenznehmer und deren Produkte sollten natürlich zum Lizenzthema und dessen Vermarktungsstrategie passen. Einer guten Partnerschaft, von der Lizenzgeber und Lizenznehmer profitieren, sollte eine gewisse Schnittmenge an strategischen Voraussetzungen zugrunde liegen. Ein Lizenzgeber einer Premium-Marke passt beispielsweise aufgrund ganz unterschiedlicher strategischer Gegebenheiten meist nicht mit einem Lizenznehmer zusammen, der ausschließlich über Discounter vertreibt. Hier geht es wieder um den Imagetransfer zwischen Lizenzthema und -produkt. Je besser die Unternehmen des Lizenzgebers und des -nehmers auch strategisch zusammenpassen, desto größer ist die Wahrscheinlichkeit einer erfolgreichen Zusammenarbeit.[143]

Die Eckdaten einer Lizenz (Positionierung) werden zum Zwecke der Lizenzvermarktung i.d.R. in **Lizenzthemenpräsentationen** zusammengefasst. Diese werden dem potenziellen Lizenznehmer ausgehändigt und eventuell im Rahmen einer persönlichen Präsentation erläutert. Sie sollte die Vermarktungsstrategie für das Lizenzthema deutlich machen. Üblicherweise enthalten solche Lizenzthemenpräsentationen neben allgemeinen Informationen zum Lizenzthema wie z.B. Charaktere und Story einer TV-Serie, Darstellung der Positionierung und der USPs, bereits erreichte Erfolge (im In- und Ausland), Zielgruppendefinition und geplante Marketing- und PR-Maßnahmen.

Ergänzt werden diese Präsentationen im Bereich der Film- oder TV-Lizenzen häufig durch eine Vorführung oder Zurverfügungstellung von Ausschnitten, Trailern, kompletten Filmen oder Folgen. Bei der Vermarktung von Kinofilmen werden oft potenzielle Lizenznehmer zu Vorführungen eingeladen. So können sie lange vor der breiten Öffentlichkeit erste Bilder und Szenen eines neuen Films sehen und sich eine eigene Meinung bilden.

---

142 vgl. *Raugust* (2008), Seite 112 ff.

143 vgl. *Saldsieder* (2008), Seite 148

Gerade namhafte Lizenzgeber und -agenturen erwarten die Einreichung eines sogenannten **Proposals** durch den potenziellen Lizenznehmer mit den wichtigsten Informationen zu seinem Unternehmen und den geplanten Lizenzprodukten, um über eine Zusammenarbeit zu entscheiden. Hier werden Angaben wie Menge und Art der Produkte, angestrebte Verkaufsauflagen, Vertriebskanäle, Handelsabgabe- und angestrebte Endverbraucherpreise etc. aufgeführt.

Nicht unwichtig ist es, dass der Lizenzgeber selbst das Geschäft des Lizenznehmers mit seinen Eigenheiten versteht. Solche Eigenheiten sind beispielsweise die Buchpreisbindung im deutschen Verlagswesen, die Marktmacht von bestimmten Handelspartnern, die eigene Konditionen und gar Produktdesigns erhalten, oder generell die Struktur des Vertriebs in bestimmten Branchen inklusive der marktüblichen Margen. Gerade weil Branchen sehr unterschiedlich sein können, arbeiten die meisten Lizenzagenturen mit auf unterschiedliche Branchen spezialisierten **Sales** bzw. **Category Managern**,[144] die neben den potenziellen Lizenznehmern auch die unterschiedlichen Geschäftsgebaren und Handelsstrukturen kennen und daher einzelne mögliche Partner ansprechen und bewerten können.

Idealerweise legen Lizenzgeber für sich und ihre Lizenzagentur einen Katalog an, anhand dessen sie mögliche Lizenznehmer bewerten und miteinander vergleichen können. Das Ziel muss sein, den optimalen Lizenznehmer zu finden, der der Lizenzierungsstrategie entspricht. Durch die genaue Begutachtung der potenziellen Lizenznehmer kann das Risiko eines „Fehlgriffs" reduziert werden.

Neben den allgemeinen Eckdaten sollten bei Lizenzkooperationen die Punkte der nun folgenden Unterkapitel vor dem Start einer Zusammenarbeit mit einem Lizenznehmer besonders unter die Lupe genommen werden:

5.4.1 Unternehmen des Lizenznehmers

Das Unternehmen des Lizenznehmers sollte einer eingehenden Prüfung standhalten, da man natürlich grundsätzlich nur mit einem wirtschaftlich solide dastehenden Partner eine Kooperation eingehen sollte. Entsprechend sollte der Lizenznehmer Auskunft über sein Unternehmen zulassen: Ist das Unternehmen des Lizenznehmers finanziell gesund und hat es die finanziellen Möglichkeiten, die geforderte Garantiesumme und später die Lizenzgebühren zu zahlen? Es ist nicht ungewöhnlich, dass Lizenzgeber Bankauskünfte von potenziellen Lizenznehmern anfordern oder sich über ihre Bonität bei der *Creditreform* informieren, um eine finanziell gesunde Zusammenarbeit sicherzustellen.

Auch ist die Organisation des potenziellen Lizenznehmerunternehmens zu begutachten. Wie erfolgt die Produktentwicklung? Sind externe Dienstleister involviert? Wie erfolgt die Produktion? Bestenfalls sollte der Lizenznehmer auch eine motivierte und personell ausreichend aufgestellte Vertriebsmannschaft haben. Zudem sollte die Chemie sowie Kommuni-

---

144 vgl. Kapitel 7 „Lizenzagenturen"

kation mit den im Lizenzierungsprozess involvierten Mitarbeitern des Lizenznehmers stimmen. Stellt der Lizenznehmer vielleicht sogar eigenes Personal für die Lizenzkooperation ab – z.B. für Produktmanagement oder Vertrieb?

Wichtig kann auch sein, ob der Lizenznehmer bereits Erfahrung mit Lizenzthemen und -produkten hat. Ein Unternehmen, das schon andere Lizenzkooperationen durchgeführt hat, weiß, worauf es sich einlässt und wie die Abstimmungsprozesse ablaufen müssen, damit die Zusammenarbeit effizient ist. Ist dies der Fall, sollte man zusätzlich klären, wie erfolgreich diese Lizenzprodukte am Markt sind oder waren. Kritisch zu beurteilen ist unter Umständen, wenn der Lizenznehmer konkurrierende Lizenzthemen im Portfolio hat, da im Rahmen einer Lizenzkooperation möglicherweise auch Informationen und Vermarktungsstrategien mit dem Lizenznehmer geteilt werden, die besser nicht an die Konkurrenz gehen sollten. Hat ein potenzieller Lizenznehmer mit vielen Lizenzen überhaupt noch Kapazitäten frei für weitere Themen? Welche Priorität genießt das eigene Lizenzthema innerhalb des Portfolios des potenziellen Lizenznehmers?

Lizenzgeber sollten ebenso den Ruf eines potenziellen Lizenznehmers überprüfen: Was sagen Handelspartner und Konsumenten über ihn? Gilt er als zuverlässiger und fairer Lieferant? Wie wird seine Produktqualität angesehen? Wie wird mit Reklamationen umgegangen? Ziel sollte immer sein, das Lizenzthema voranzubringen und natürlich Lizenzeinnahmen zu generieren. Die Erarbeitung eines Stärken- und Schwächen-Profils des Lizenznehmerunternehmens ist eine gute Entscheidungshilfe.

5.4.2 Produkte des Lizenznehmers

Die geplanten Produkte sollten zum Lizenzthema sowie zur Strategie des Lizenzgebers passen. Wenn der Zusammenhang zwischen Produkt und Lizenzthema zu konstruiert ist, ist es umso schwerer, Konsumenten für den Kauf des Lizenzproduktes zu gewinnen. Je besser der schon viel bemühte Imagetransfer hier ist, desto größer die Erfolgschancen. Dies betrifft nicht nur das Produkt an sich, sondern auch Materialien, das allgemeine Design des Produkts, die Produktqualität und die geplante Nutzung der Lizenz für das Produkt.

Vielleicht hat der Lizenznehmer bereits das angedachte oder ein ähnliches Produkt hergestellt und vertrieben. Wie ist die Qualität dieser Produkte und passt diese zum Lizenzthema? Wie erfolgreich waren die Referenzprodukte im Markt?

Ein Produkt, das an sich schon einzigartig ist, da es ein besonderes Design oder besondere Funktionen hat, kann (muss aber nicht!) auch ein Zugewinn (added Value) für ein Lizenzthema sein, da es mit einem innovativen Produkt in Zusammenhang steht.

5.4.3 Herstellung und Produktqualität

Stellt der Lizenznehmer selbst die geplanten Lizenzprodukte her oder bindet er einen zusätzlichen Hersteller ein? Wenn ein externer Hersteller involviert ist, ist es sinnvoll, Informationen auch über diesen einzufordern. Eventuell ist der Lizenzvertrag für die Einbeziehung eines externen Produzenten zu modifizieren, da hier streng genommen auch dem Produzenten Nutzungsrechte am Lizenzthema eingeräumt werden müssen.

Besonders die Produktion in Asien[145] kann etwas heikel sein, da sie unter Umständen nicht gemäß der in Deutschland oder vergleichbaren Ländern üblichen gesetzlichen Regelungen erfolgt. Eine fragwürdige oder einfach nur andere Herstellungsweise und Qualität des Produkts können das Image eines Lizenzthemas empfindlich beschädigen. Aus Angst vor Endverbraucherklagen, aber auch aufgrund ihrer selbst definierten Verpflichtung sind viele Lizenzgeber als auch Lizenznehmer darauf bedacht, gewisse Regeln bei der Herstellung ihrer (Lizenz-)Produkte einzuhalten. Aber auch außerhalb Asiens sollte ein Blick auf die Material- und Verarbeitungsqualität eines Lizenznehmers bzw. seiner Produktionsstätten geworfen werden – dies gilt insbesondere für Kinderprodukte, bei denen es schon aus Prinzip immer um sichere Materialien und eine gute Verarbeitung gehen sollte.

Die Qualität der Lizenzprodukte hat großen Einfluss auf die Außenwahrnehmung eines Lizenzthemas. Gute Verarbeitung, gute Handhabbarkeit des Produktes und eine gewisse Robustheit tragen dazu bei, dass sowohl Lizenzprodukt als auch Lizenzthema positiv wahrgenommen werden. Entsprechend empfiehlt es sich für einen Lizenzgeber, Produktmuster und spätere Prototypen sowie Muster aus der laufenden Produktion der Lizenzprodukte genau auf Mängel zu untersuchen, um einen möglichen Schaden am Lizenzthema frühzeitig abwenden zu können. Gleiches gilt für die Verpackung, deren Erscheinungsbild inklusive der Darstellung des Lizenzthemas und des Lizenzproduktes, denn sie beeinflusst die Kaufentscheidung des Endverbrauchers. Über die Verpackung werden Produktqualität und -funktionen sowie das Lizenzthema selbst auf die angestrebte Zielgruppe angepasst „verkauft". Sie haben eine wichtige Werbefunktion für die Produkte.[146]

Bei der Produktion sollte auch geprüft werden, wie schnell der Lizenznehmer nachproduzieren kann, wenn die Nachfrage plötzlich steigen sollte. Des Weiteren sollten ggf. die Fragen geklärt werden, ob der Lizenznehmer unterschiedliche Kollektionen entwickeln und pünktlich in den Markt bringen kann, um unterschiedliche Lizenzdesigns zu nutzen. Denn so können ganzjährig neue Akzente mit dem Lizenzthema gesetzt werden. Auch ist es interessant zu erfahren, ob er Interesse an der Ausweitung seines Produktportfolios hat, wenn sich die Zusammenarbeit erfolgreich entwickeln sollte.

---

145 vgl. Kapitel 5.2.3 „Internationalisierung über Licensing"

146 vgl. *Saldsieder* (2008), Seite 164

5.4.4 Vertrieb

Die Vertriebskanäle eines Lizenznehmers müssen zum Lizenzprodukt passen und dessen Positionierung entsprechen. Um ihr Lizenzthema zu schützen, sollten Lizenzgeber deswegen diesbezüglich klare Vorschriften im Lizenzvertrag vorgeben.

Hat der Lizenznehmer ein gut ausgebautes Vertriebsnetz inklusive der dazu notwendigen engen Kontakte zu den wichtigen Marktteilnehmern im Handel? Ein starker Vertrieb sichert die Verfügbarkeit der Lizenzprodukte im Handel und ist damit ein sehr wichtiges Argument für die Auswahl eines Lizenznehmers. Wie bereits erwähnt sind Gespräche mit Handelspartnern hilfreich, um das Image des Lizenznehmers als Geschäftspartner zu durchleuchten, um dessen Geschäftsgebaren zu überprüfen und bewerten zu können.

Sind Fälle bekannt, in denen der potenzielle Lizenznehmer die im Lizenzvertrag geschlossenen Vereinbarungen bezüglich der erlaubten Vertriebskanäle und -territorien gebrochen hat? Beispiel: Der im Lizenzvertrag ausgeschlossene Vertrieb über Discounter eines als hochwertig positionierten Lizenzthemas kann beim Verstoß einen großen Imageschaden am Thema nach sich ziehen. Sollte der potenzielle Lizenznehmer hier bereits „auffällig" geworden sein, ist abzuwägen, ob eine Zusammenarbeit wirklich angestrebt werden sollte, da unter Umständen zu erwarten ist, dass sich solche Verstöße wiederholen.

Selbstverständlich hat auch der direkte Vertrieb von Waren an den Endverbraucher große Bedeutung im Lizenzgeschäft. Auch hier sollte ein Lizenzgeber prüfen, ob und wie stark dieser Vertriebskanal eines Lizenznehmers ausgebaut ist und auch, ob dieser Vertriebskanal im Kontext mit der Positionierung des Lizenzthemas gewünscht ist oder nicht.

5.4.5 Marketingplan für das Lizenzthema

Bei einigen Lizenzthemen wie z.B. bei Modelabels, Marken oder Kunst erwarten Lizenzgeber i.d.R., dass die Lizenznehmer ihre Themen in ihren Märkten mit umfangreichen Marketing- und PR-Maßnahmen unterstützen. Bei Lizenzthemen aus dem Unterhaltungssektor, die auch kurzfristiger angelegt sind, ist dies möglicherweise weniger wichtig für den Lizenzgeber. Es macht einen Lizenznehmer attraktiver, wenn er einige Maßnahmen selbst durchführt und so das ihm anvertraute Lizenzthema in seinem Bereich voranbringt. Anzeigen in relevanten Fachzeitschriften sind ein Beispiel für derartige Maßnahmen.

Manche Lizenzthemen werden über einen **Werbe-** oder **Marketing-Pool** unterstützt, in den die Lizenznehmer eine jeweils fixe Summe oder einen im Lizenzvertrag vereinbarten Anteil ihres Lizenzproduktumsatzes einzahlen. Aus diesem Pool werden dann gemeinsame Marketingmaßnahmen für das Lizenzthema finanziert – geleitet durch den Lizenzgeber und/oder die Lizenzagentur.

Grundsätzlich spricht es für einen Lizenznehmer, wenn er sich nicht nur auf die Aktivitäten des Lizenzgebers verlässt, sondern sein eingekauftes Lizenzthema und die dazu lizenzierten Produkte selbst bewirbt.

5.4.6 Finanzielles Angebot des Lizenznehmers

Die Verhandlungen über die Lizenzgebühren und die Garantiesumme sollten nicht das einzige Kriterium für die Auswahl eines Lizenznehmers sein. Dennoch kann die Höhe des Angebots natürlich „das Zünglein an der Waage" sein, wenn beispielsweise mehrere potenzielle Lizenznehmer zur Wahl stehen.

Derzeit geht der allgemeine Trend hin zu moderaten Garantiesummen. Sie werden in Relation zu den Marketingleistungen der Lizenznehmer, den Investitionen in die Produktentwicklung, aber auch zum Image des Partners und anderen eher „weichen" Fakten wie vergangene Kooperationen oder ein bestehender Kontakt zu den Mitarbeitern des potenziellen Lizenznehmers gebracht. Am Ende sollte für einen Lizenzgeber das Gesamtpaket, das ein Lizenznehmer zu leisten vermag, ausschlaggebend sein und nicht allein die Umsätze, die eine Lizenzvereinbarung voraussichtlich abwerfen wird.[147]

Bei der Kalkulation der Lizenzgebühren und Garantiesummen sind der prognostizierte Umsatz mit den Lizenzprodukten bzw. die geplanten Absatzmengen von Lizenzprodukten die wichtigste Größe, die ein Lizenznehmer in seinem Proposal darstellen sollte. Passt der geplante Absatz des Lizenznehmers mit den Erwartungen des Lizenzgebers zusammen? Sind die Verkaufsauflagen realistisch geplant? Wie hoch sind die Verkaufsauflagen vergleichbarer Produkte? Gibt es schon Zusagen bzw. Interesse von namhaften Handelspartnern, die diese Planzahlen untermauern?

5.5 Chancen für den Lizenzgeber

5.5.1 Generierung zusätzlicher finanzieller Einnahmen

Das primäre Ziel der meisten Lizenzgeber ist die Generierung von zusätzlichen finanziellen Einnahmen durch die Vergabe von Lizenzen. Ein erfolgreiches Lizenzprogramm kann signifikante zusätzliche Erlöse erwirtschaften – insbesondere, wenn es sich um Lizenzthemen handelt, die viele Lizenznehmer haben, und/oder wenn diese großen Warenmengen verkaufen. Die Garantiesummen[148] aus dem Licensing sind recht sichere Geldeinnahmen, denn sie fließen selbst dann, wenn eine TV-Serie am Ende doch floppt oder der Endverbraucher die Lizenzprodukte trotz umfangreicher Bemühungen in Marketing, PR und Vertrieb doch nicht annimmt.

Nicht außer Acht gelassen werden sollte jedoch, dass Lizenznehmer natürlich auch aus unterschiedlichen Gründen in Zahlungsschwierigkeiten geraten können, so dass auch Außenstände aus nicht gezahlten Garantiesummen- und Lizenzgebührenzahlungen beim Lizenzgeber entstehen können. Wie bereits ausgeführt kann eine sorgsame Auswahl der Lizenznehmer dieses Risiko stark minimieren.

---

147 vgl. Kapitel 6.1.6 „Lizenzgebühren und Garantiesummen"
148 vgl. Kapitel 6.1.6 „Lizenzgebühren und Garantiesummen"

5.5.2 Risikoübertragung auf den Lizenznehmer

Licensing kann das eigene unternehmerische Risiko des Lizenzgebers reduzieren. Produktentwicklung, Werbung und die Einstellung auf die besonderen Spezifika neuer Märkte sind teuer und zeitintensiv, bevor der Markteintritt überhaupt gelingen kann. Über die Vergabe von Lizenzen werden bereits vorhandene Kapazitäten und Kompetenzen von externen Unternehmen genutzt. Ein Lizenzgeber kann über Lizenzgebühren Geld verdienen und sein Lizenzthema durch weitere Produkte im Markt stützen, ohne selbst Herstellungs- und Vertriebsrisiken zu tragen. Insbesondere, wenn interne Vorabkalkulationen belegen, dass die Lizenzeinnahmen höher ausfallen als die Einnahmen durch selbst hergestellte und vertriebene Produkte, sollte Licensing in Betracht gezogen werden.

Manche Lizenzgeber setzen bewusst Lizenznehmer ein, um ihr eigenes finanzielles Risiko so klein wie möglich zu halten und dennoch neue Produkte auf den Markt zu bringen. Sie verzichten häufig im gleichen Zug auf klassische Werbung für ihr Lizenzthema, wenngleich sie dafür sorgen, dass ihr Lizenzthema für anhaltende Nachfrage im Gespräch bleibt. Der aus dem Teleshopping-Kanal *QVC* bekannte Modedesigner *Harald Glööckler* mit seiner Modelinie *Pompöös* ist ein Beispiel hierfür: Er taucht hin und wieder in der Presse und in Fernsehsendungen auf und betreibt so PR für seine Modelinie, die sowohl in seinen eigenen Sendungen als auch bei unterschiedlichen Versendern international vertrieben wird.

Die dort angebotenen Produkte haben zwar das *Pompöös*-Design, werden aber von Lizenznehmern hergestellt.[149]

In der Modeindustrie ist es gang und gäbe, dass Lizenznehmer die „Nebenprodukte" einer Modelinie (z.B. Parfums, Schuhe oder Brillen) herstellen und vertreiben. Diese im Vergleich zur Haute Couture der Mode-Designer oft günstigeren Artikel erreichen zudem auch weniger zahlungskräftige Zielgruppen. So können zusätzliche Umsätze mit Kunden erwirtschaftet werden, die die Modemarke sonst nicht erreichen würden. Aber es gibt auch umgekehrte Tendenzen: *Tommy Hilfiger* und *Ralph Lauren* kauften z.B. einige ihrer Lizenznehmer auf, um wieder mehr Kontrolle über ihre Marken zu haben.[150]

5.5.3 Stärkung von Bekanntheit und Kundenbindung

Licensing kann, wie schon mehrfach in diesem Buch ausgeführt, dazu dienen, die Bekanntheit eines Lizenzthemas zu steigern. Durch beispielweise den Kauf von Fanartikeln steigt die emotionale Bindung der Fans zu einem Fußballclub. Die im Handel erhältlichen *FC Bayern München*-Fanartikel regen die Konsumenten zusätzlich dazu an, Stadion-Tickets zu erwerben und umgekehrt. *Bob der Baumeister*-Artikel im Kaufhausregal binden den Nachwuchs noch mehr an die beliebte animierte Zeichentrickserie, so dass die Fernsehfolgen

---

149 vgl. *Eck* (2010)
150 vgl. *Raugust* (2008), Seite 10

öfter eingeschaltet werden. Durch mehr Zuschauer vor dem Fernseher wiederum kann der Kindersender *SUPER RTL* seine Werbezeiten teurer verkaufen.

Gerade Werbemittel und Produkte der Lizenznehmer am POS sind attraktiv für Lizenzgeber, weil sie zusätzliche Kontaktflächen des Lizenzthemas mit dem Konsumenten sind. Über sie treten sie mit dem Endverbraucher auch außerhalb ihres „Kernbereichs", wie z.B. dem Fußballstadion oder dem Fernseher, in Kontakt und steigern so die Bekanntheit und Beliebtheit ihres Lizenzthemas. Im Bereich der Kinofilm-Vermarktung sind im Vorfeld von Kinostarts geschlossene Kooperationen mit Partnern aus dem Handel sehr wichtig. Es werden hier Promotions auf Tausch-Geschäftsbasis (Bartering) oder als Lizenz-Deals akquiriert und gezielt Lizenznehmer für Produkte gesucht, die die Artikel im Handel möglichst prominent platzieren. Beispiele: Die Zusammenarbeit zwischen *DreamWorks* und *Kellogg* zum Filmstart von *Shrek der Dritte* bei Frühstückscerealien oder mit Lizenznehmern aus dem Spielwarenbereich wie z.B. die Partnerschaft zwischen *Disney* und *Mattel* und *Giochi Preziosi* mit unterschiedlichen Spielwaren-Portfolios zum Kinofilm *High School Musical 3*.

Die sogenannten **Master Toy Lizenznehmer** sind bei Kinderlizenzthemen wichtig. Ein möglichst bekannter Spielzeughersteller mit einer größeren Auswahl an Lizenzprodukten kann den Erfolg eines Lizenzthemas positiv beeinflussen; genauso wie hierzulande die Unterzeichnung eines Lizenznehmers aus dem Hörspiel- und Buchbereich bei Kinderthemen als wichtiger Meilenstein für die Etablierung eines Lizenzthemas gilt. Licensing kann die Kundenbindung stärken und die Käuferanzahl durch neue Produktkategorien, die vielleicht auch außerhalb des bisherigen Kundenstammes neue Zielgruppen ansprechen, erhöhen.

5.5.4 Ausweitung von Produktlinien und Vertriebskanälen

Häufig geht es bei der Entscheidung für Licensing auch um die Ausweitung der Produktlinien und die damit verbundene Erschließung neuer Vertriebskanäle. Diese ist mit sehr viel Aufwand – personell wie auch finanziell– verbunden. Passende Lizenzpartner aus den Zielbranchen der neuen Produkte haben i.d.R. mehr Expertise und einen bereits vorhandenen, auf diese Produkte ausgerichteten Vertrieb. Man kann hier auf Licensing setzen, um die Product Range für neue Märkte zu erweitern.

Viele Lizenzprodukte zu einem Thema bedeuten für den Lizenzgeber auch, dass sein Lizenzthema viele neue Kontaktpunkte an unterschiedlichsten Handelsstandorten mit den Endverbrauchern erhält, die seine eigenen Vertriebskanäle ergänzen. Weiter bedeutet es, dass gemeinsame Aktionen der Lizenznehmer im Handel möglich sind, was wiederum noch mehr Aufmerksamkeit generiert. Solche Cross Promotions erhöhen somit gleichermaßen Bekanntheit und Umsätze eines Lizenzthemas. Und auch der Handel profitiert von der Unterstützung solcher Aktionen durch Mehrumsätze an seinen Standorten.

In der Lebensmittelindustrie ist Lizenzierung eine ganz alltägliche Möglichkeit der Kooperation. So werden u.a. Geschmacksrichtungen lizenziert. Durch die Verwendung in einem anderen Produkt wird die Marke bzw. Geschmacksrichtung in einen „neuen Kontext" gebracht. Diese Kooperationen sind sogenannte **Co-Brandings.**[151] Ein Beispiel hierfür ist die Zusammenarbeit der Spirituosenmarke *Bailey's* und mit der Eiskremmarke *Häagen-Dazs* für deren Geschmacksrichtung *Häagen-Dazs Baileys Irish Cream*. Markeninhaber nutzen Licensing bzw. Co-Branding ebenfalls, um ihrer eigenen Marke neue, positive Eigenschaften zu geben. Aber auch in anderen Produktbereichen funktioniert diese Mechanik: So geht der Rasierer-Hersteller *Gillette* seit einiger Zeit Kooperationen mit dem erfolgreichen TV-Format *Germany's next Topmodel* für eine Lady Shaver-Produktlinie ein und setzt Kandidatinnen des Formats als Testimonials ein. Dadurch erhalten die neuen Produkte „ein Gesicht", sind angesagt wegen der Verbindung zu der beliebten Casting Show und werden somit positiv emotional aufgeladen.

5.5.5 Neupositionierung

Hin und wieder hilft Licensing auch bei der Neupositionierung eines Themas. Die Zielgruppen für die erhältlichen Lizenzprodukte können die Zielgruppe des Lizenzthemas beeinflussen. *SpongeBob* als ursprüngliches Kinderthema wurde auf einmal auch von jungen Männern im Fernsehen gesehen. Der Lizenzgeber *Nickelodeon* lizenzierte daraufhin auch Produkte für diese neue Zielgruppe, erweiterte das Lizenzthema für eine sehr große Altersspanne und positionierte den gelben Schwamm neben der Kinderlinie für die Erwachsenen-Zielgruppe neu.[152]

5.5.6 Internationalisierung

Bei strategischen Überlegungen zur Internationalisierung einer Marke oder eines Lizenzthemas kann ebenfalls Licensing zum Tragen kommen. Internationale Märkte können sich sehr vom eigenen nationalen Markt unterscheiden, so dass es unter Umständen sinnvoll ist, Partner für neue Märkte einzusetzen, die diese in Zusammenarbeit mit einem Lizenzgeber bearbeiten, statt selbst die nötige Administration vor Ort aufzubauen und die Produkte für den lokalen Geschmack zu modifizieren. Die Lizenzierung eines lokalen Generalpartners, der sich um das neue Territorium kümmert, ist ein Weg der Internationalisierung.[153]

5.6 Risiken für den Lizenzgeber

5.6.1 Inadäquate Lizenznehmer

Das größte Risiko für einen Lizenzgeber ist wohl die Auswahl von inadäquaten Lizenznehmern. Der „angeschlagene" Ruf eines Lizenznehmers, der vielleicht regelmäßig Eng-

[151] vgl. *Burmann/Meffert/Blinda* in: *Meffert/Burmann/Koers* (2005), Seite 206 ff.
[152] vgl. *Raugust* (2008), Seite 13
[153] vgl. Kapitel 5.2.3 „Internationalisierung über Licensing"

pässe bei der Auslieferung seiner Produkte an den Handel hatte oder nicht immer die bestellten Mengen liefert, kann dazu führen, dass der Handel seine neuen Lizenzprodukte nur verhalten oder gar nicht einkauft. Es kann aber auch sein, dass der Lizenznehmer entgegen seiner Versprechungen in der Verhandlungsphase weder die Herstellungs-, noch die Vertriebskapazitäten besitzt, um die Lizenzprodukte im gewünschten Maße herzustellen und zu vertreiben.

Genauso ärgerlich ist es, wenn ein Lizenznehmer seinen Zahlungsverpflichtungen nicht nachkommt, keine Lizenzabrechnungen schickt oder sich nicht an andere Vereinbarungen aus dem Lizenzvertrag wie z.B. das darin vorgegebene Freigabeprozedere hält. In solchen Fällen sieht sich ein Lizenzgeber oft mit Rechtsstreitigkeiten konfrontiert oder hat zumindest viel Ärger, um den entstandenen Schaden so gering wie möglich zu halten und um die Kooperation mit dem Lizenznehmer im besten Fall zu beenden und so Schlimmeres zu verhindern.[154]

5.6.2 Imageschäden

Schlechte Umsetzung von Lizenzthemen auf Produkten, unzureichende Produktqualität, keine oder kaum durchgeführte Vertriebs- und PR-Maßnahmen durch Lizenznehmer oder schlicht die falschen und nicht zum Lizenzthema passenden Produkte können dauerhaften Schaden anrichten. Es liegt auf der Hand, dass beispielsweise schädliche Inhaltsstoffe in einem Produkt dessen Lizenzthema nachhaltig negativ besetzen würden.

Auch die Positionierung der Lizenzprodukte im falschen, dem Lizenzthema und seinen Kern- sowie anderen Lizenzprodukten nicht entsprechenden Preissegment kann negativen Einfluss auf die Wahrnehmung des Lizenzthemas haben: Zu günstige Preise lassen ein Thema unter Umständen zu „billig" aussehen, während zu teure Produkte, die meist mit dem Lizenzgeber selbst und selten mit dem Lizenznehmer in Verbindung gebracht werden, den Lizenzgeber womöglich als „geldgierig" dastehen lassen. Daher sollte es in beider Interesse sein, dass Lizenzgeber und -nehmer an einem Strang ziehen und einen homogenen Auftritt der Lizenzprodukte sowie aller dazu gehörigen Werbemittel anstreben.

Häufig wird im Zusammenhang mit Imageschäden, die durch falsche bzw. vom Leitmedium abweichende Positionierung von Lizenzprodukten entstehen, auch von einer „Verwässerung des Lizenzthemas" gesprochen. Allerdings kann der Lizenzgeber bei der Lizenznehmerakquise, im Lizenzvertrag und im Freigabeprozess durchaus „Stellschrauben" anziehen, um dem entgegenzuwirken.

5.6.3 „Blockierung" von Lizenzprodukten

Ab und zu kommt es vor, dass Lizenznehmer bestimmte Lizenzthemen nur aus dem Grund erwerben, sie der Konkurrenz vorzuenthalten. In diesem Fall ist die Priorität des einkau-

154 vgl. Kapitel 5.4 „Lizenznehmer-Akquise"

fenden Lizenznehmers häufig nicht sehr groß, das erworbene Thema wirklich auszuwerten. Es wird stiefmütterlich behandelt und die Produktentwicklung wie auch der Vertrieb der Artikel kommen schleppend oder gar nicht in Gang.

In anderen Fällen wird ein erworbenes Lizenzthema bei einem Lizenznehmer ohne bösen Willen einfach vergessen. Es werden auch hier keine Lizenzprodukte entwickelt und entsprechend auch keine Produkte vertrieben. Oder Lizenznehmer fahren ihre Bemühungen für die lizenzierten Produkte herunter, wenn sich der geplante Erfolg nicht schnell genug nach deren Markteinführung einstellt. Auch hier blockiert der Lizenznehmer das Lizenzthema, da er zwar Lizenzprodukte führt, diese aber nur mit gedrosselter Kraft vertreibt.

Neben den sicheren Einnahmen für den Lizenzgeber ist auch dieses „Blockieren" ein Grund, warum in Lizenzverträgen i.d.R. die Zahlung einer Garantiesumme vereinbart wird. Lizenznehmer, die eine Vorauszahlung geleistet haben, sind motivierter, ihr Nutzungsrecht auch wirklich auszuüben und durch den Verkauf ihrer Lizenzprodukte die Garantiesumme zu refinanzieren. In manchen Lizenzverträgen wird sogar zusätzlich ein Markteinführungsdatum festgelegt.

5.6.4 Marktübersättigung

Ein Lizenzgeber sollte immer darauf achten, dass er die Anzahl der Lizenzprodukte reguliert. Zu viele Produkte im Markt können dazu führen, dass die Endverbraucher eines Themas überdrüssig werden und die Lizenzprodukte nicht mehr kaufen. Dies kann das Ende eines Themas sein. So geschehen bei der sehr umfangreichen Vermarktung von *Pokémon*. Seit den 90er Jahren bis in die ersten Jahre des neuen Jahrtausends gab es eine riesige Vielfalt an Produkten. Irgendwann sank die Nachfrage nach *Pokémon*-Produkten signifikant ab.

Gerade bei Lizenzthemen, die der Konsument als besonders wertig einstuft, ist es oft ein sehr schmaler Grat, welche Anzahl von Lizenzprodukten im Markt optimal ist. Bei Luxusmarken macht eine große Anzahl an Lizenzprodukten keinen Sinn, da so das hochwertige und exklusive Image der Marke leiden würde und sich die Käufer möglicherweise abwenden. Ebenso bei einem sehr edukativen Kinderthema, von dem es unzählige Lizenzprodukte im Handel gibt. Hier würden viele Konsumentenbedenken laut werden, dass es hier doch nur um den reinen Kommerz ginge, so dass sich auch hier Käufer gegen die Lizenzprodukte zu diesem Thema entscheiden würden.

Ebenfalls ungünstig ist es, wenn die Nachfrage nach einem Lizenzthema das Angebot an dazu passenden Produkten übersteigt. Obwohl gerade in der Anfangsphase der Lizenzierung eines Themas diese (künstliche) Verknappung durchaus Begehrlichkeiten wecken kann, kann dies schnell ins Gegenteil umschlagen und das Interesse an einem Lizenzthema kann wieder abnehmen, wenn die Nachfrage nicht befriedigt wird. Auch in diesem Fall sinkt möglicherweise das Ansehen des Lizenzthemas. Hier sollte der Lizenzgeber aktiv werden und schnellstmöglich Lizenznehmer akquirieren.

Der Lizenznehmer

6 Lizenznehmer

Die meisten Lizenznehmer entstammen heute den klassischen Konsumgüter- und Dienstleistungsbranchen, die sich direkt an den Endverbraucher wenden. Für fast jedes Produkt und jede Dienstleistung lässt sich aufgrund der riesigen Anzahl an Lizenzthemen, die immer weiter anwächst, ein passendes Lizenzthema finden.

Anfangs waren es noch eher Hersteller von sogenannten „No Name"-Produkten, die Lizenzthemen bewusst nutzten, um ihre Waren attraktiver zu machen. Heute ist es hingegen oft so, dass Markenartikel-Hersteller gezielt Lizenzthemen für die Vermarktung ihres Warenportfolios einsetzen, um die emotionalisierende Wirkung ihrer bereits bestehenden und gut funktionierenden Marken gezielt zu nutzen. Die Lizenzgeber gehen solche Kooperationen gerne ein, weil sie wissen, dass große Konzerne meist mehr Budget in die Vermarktung der Lizenzprodukte stecken können als kleine und mittelständische Unternehmen, so dass eine solche Kooperation die Bekanntheit des Lizenzthemas weiter ausbauen kann.[155] Es geht hier also um die Emotionalisierung des Produktes, die den Unterschied zu vergleichbaren Angeboten der Mitbewerber macht. Hier gilt es allerdings auch, den Balanceakt der Außendarstellung des eigenen Produktes und der eigenen Marke neben einem eingekauften Lizenzthema erfolgreich und glaubhaft zu meistern – ohne dass das eigene Image beschädigt oder als weniger wertig als das Lizenzthema wahrgenommen wird.

Themen wie z.B. eine schon lange erfolgreiche TV-Serie, ein Kinofilm, dem bereits im Vorfeld das Attribut eines Blockbusters attestiert wird, oder auch eine bekannte Marke wie etwa *Barbie* oder *Harley-Davidson* sind im Markt eingeführt und verfügen über eine große Bekanntheit und/oder ein bereits aufgebautes Image. Diese Attribute macht sich ein Lizenznehmer zu Nutze. Denn der Endverbraucher verbindet das Lizenzthema thematisch und qualitativ mit dem Produkt (Imagetransfer).[156] Das wiederum macht i.d.R. eigene größere Ausgaben für Marketing und Kommunikation seitens des Lizenznehmers für das Produkt überflüssig, da ein bekanntes Lizenzthema diese – wenigstens zum Teil – ersetzen kann. Dies gilt vor allem im Vergleich zum langwierigen und kostspieligen Aufbau einer eigenen, neuen Marke, unter der die Produkte eines Herstellers vertrieben werden könnten. Natürlich kann man gerade bei einem etablierten Lizenzthema auch davon ausgehen, dass es schon über eine „Fan-Base" verfügt, die eine starke Bindung zum Lizenzthema hat und sicher auch verfügbare Lizenzprodukte dazuerwerben wird.

Bei einem neuen Lizenzthema profitiert der Lizenznehmer von dem Hype, den ein Lizenzgeber üblicherweise durch seine Marketing- und PR-Maßnahmen um dessen Launch erzeugt. Es kann für einen Lizenznehmer positiv sein, hat er die Chance, von Beginn an bei einem neuen Lizenzthema mit an Bord zu sein, das tatsächlich zu einem Verkaufsschlager wird. Dennoch ist der Erwerb eines neu auf dem Markt befindlichen Lizenzthemas risikoreicher, als auf ein bereits erfolgreiches Thema zu setzen.

---

155 vgl. *Manz* in: *Böll* 2001), Seite 37

156 vgl. Kapitel 3.6 „Imagetransfer"

Gerade in Märkten, in denen es sehr viele in Preis und Qualität vergleichbare Produkte gibt, sind Lizenzthemen ein willkommenes Diversifizierungsmerkmal. Hinzu kommt ein Preiskampf, der sich insbesondere aktuell in der Spielwarenindustrie zeigt. Es ist daher wichtig für die Hersteller, die eigenen Produkte hervorzuheben. Schwierig kann es allerdings werden, wenn Lizenzgeber Lizenzen für gleiche oder ähnliche Produkte zu einem Thema vergeben, wie bei den Action-Figuren von *Buzz Lightyear* aus dem *Disney/Pixar*-Film *Toy Story 3*, die gleichzeitig an die konkurrierenden Unternehmen *Mattel* und *Giochi Preziosi* lizenziert wurden. Die Lizenzprodukte beider Anbieter unterscheiden sich zwar in Funktion und Preis, dies dürfte aber dem Endverbraucher nicht immer auf den ersten Blick auffallen.

Des Weiteren bietet vor allem eine ganze Produktlinie zu einem Lizenzthema eine gewisse Planungssicherheit für einen Lizenznehmer. Die Chancen auf Listung eines einzelnen Produktes beim Handel sind geringer, als wenn der Lizenznehmer eine ganze Reihe an Produkten anbieten kann. Der Handel kann die Produkte so besser platzieren und mit ihnen eine Themenwelt schaffen, die für den Konsumenten besonders attraktiv ist. Natürlich funktioniert diese Mechanik auch mit generischen Produkten oder hauseigenen Marken eines Lizenznehmers.

Es gibt Lizenznehmer, die eine Vielzahl von Lizenzthemen in der Hoffnung einkaufen, dass einige davon zu Selbstläufern werden. Häufig werden sogar spezialisierte Einkäufer beschäftigt. Andere Lizenznehmer akquirieren nur einige wenige Lizenzthemen und bauen diese zu wichtigen Themen innerhalb ihres Produktportfolios aus. Andere Unternehmen lehnen Lizenzthemen generell ab und konzentrieren sich auf ihre eigenen Marken als Verkaufsargument.

Ein bekanntes Lizenzthema und dessen Beliebtheit sind attraktiv für den Konsumenten, weil dieser die positiven Assoziationen zum Lizenzthema auf das Produkt überträgt. Dabei verschwimmen häufig Wahrnehmung und Produkt dermaßen, dass der Endverbraucher nicht zwischen Lizenzthema und Produkt unterscheiden kann. Ein Beispiel für dieses Phänomen sind Parfums und Pflegeserien zu namhaften Modemarken und Prominenten, die eben nicht von den Modelabels oder Stars selbst stammen, sondern von Lizenznehmern – wie z.B. *Naomi Campbells* Duft *Cat Deluxe*, der von *Procter & Gamble* hergestellt und vertrieben wird. Des Weiteren erhöht die Verwendung eines Lizenzthemas auf einem Produkt häufig auch dessen individuellen Wert für den Endverbraucher. Dadurch rechtfertigt das Thema nicht nur die darin enthaltenen Herstellungskosten inklusive der Lizenzgebühren, sondern auch durch die wertschätzende Wahrnehmung des Lizenzthemas durch den Konsumenten einen höheren Endverbraucherpreis. Dies gilt jedoch nicht für alle Branchen! Der Lebensmitteleinzelhandel ist eine solche Ausnahme, wo lizenzierte und unlizenzierte Produkte aufgrund des Preiskampfes in diesem Produktsegment i.d.R. gleich viel kosten.

6.1 Vorüberlegungen für den Lizenzthemeneinkauf

6.1.1 Externe und interne Einflussfaktoren

Abbildung 6.1 Externe und interne Einflussfaktoren auf den Lizenznehmer[157]

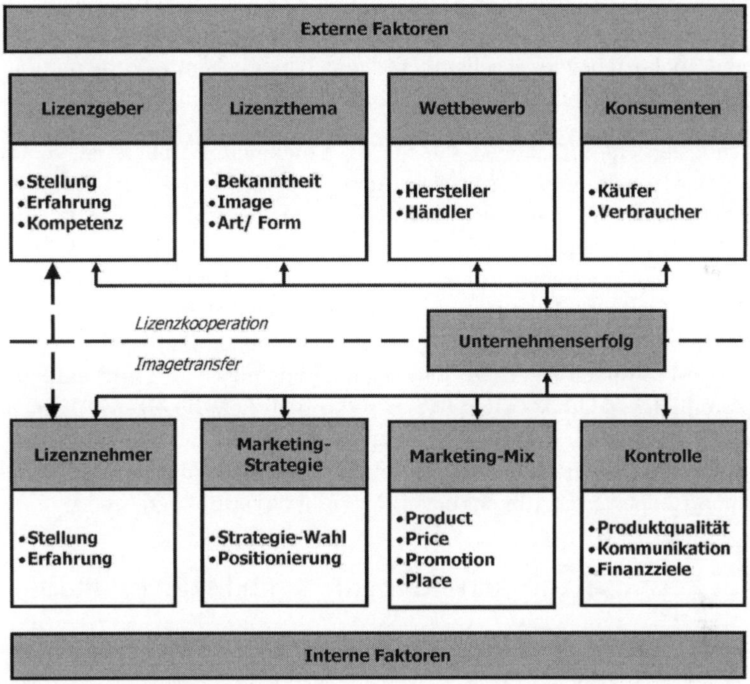

Ein Lizenznehmer ist internen und externen Einflüssen (**Abbildung 6.1**) ausgesetzt, die sein Lizenzprogramm beeinflussen. Auf die externen Faktoren kann er schwer einwirken, denn sie betreffen den Lizenzgeber, dessen Vermarktungsstrategie und deren Handhabung, das Lizenzthema selbst, die Konkurrenz und den Endverbraucher. Bei den internen Faktoren kann der Lizenznehmer intervenieren, indem er entweder neu oder etabliert im Geschäft, unbeliebt oder gern gesehen im Lizenzgeschäft ist. Ebenso kann er die für das Lizenzthema und sein Produkt optimale Vermarktungsstrategie und Positionierung wählen, einen ausgewogenen Marketing-Mix nutzen und sowohl die Qualität seiner Produkte wie auch Marketing- und Kommunikationsmaßnahmen im Auge behalten und gegebenenfalls hier eine Feinjustierung vornehmen.

157 vgl. *Saldsieder* (2008), Seite 90 (modifiziert)

Ein Lizenznehmer sollte genau evaluieren, welche Vor- und Nachteile der Erwerb eines Lizenzthemas für ihn hat. Insbesondere die Passgenauigkeit der Zielgruppen von Lizenzthema und Produkt ist hier sehr wichtig. Aber auch das Image, für das das Lizenzthema, das Produkt und sein Hersteller (also der Lizenznehmer) stehen, sollte passen.[158]

6.1.2 Vorbereitung des Lizenzeinkaufs

Ein potenzieller Lizenznehmer sollte sich vor dem Erwerb eines Lizenzthemas umfassend mit seinem eigenen Unternehmen, seinen Zielen, unternehmerischen Möglichkeiten und auch seinem Konkurrenzfeld auseinandersetzen. Nur eine gute Vorbereitung kann die Voraussetzungen schaffen, dass ein Lizenzprogramm erfolgreich wird.

Zu den wichtigsten Entscheidungen, die ein Lizenznehmer zu treffen hat, gehören erstens die Auswahl des Marktes und dessen Zielgruppe, in dem er mit seinem Produkt, für das er ein Lizenzthema einkauft, aktiv sein möchte. Zweitens muss fixiert werden, was mit dem Lizenzthema erreicht werden soll. Ziele können z.B. mehr Umsatz, Export (Internationalisierung), neue Zielgruppen oder Ausweitung der Vertriebskanäle sein. Drittens ist zu prüfen, ob der eigene Vertrieb die notwendigen Vertriebskanäle bereits bearbeitet und/oder ob er genügend Kapazitäten frei hat, diese gegebenenfalls neu aufzubauen, um die notwendigen Mengen an Produkten liefern zu können. Viertens muss die Entscheidung zum Preis des Lizenzproduktes gefällt werden. Dieser sollte natürlich die eigenen Kosten inklusive des Lizenzthemeneinkaufs decken, einen Gewinn abwerfen und in das Preisgefüge des Zielmarktes passen. Abschließend sind Produkte und Lizenzthemen der Konkurrenz zu analysieren und zu bewerten, um das eigene Produkt davon abzugrenzen.

6.1.3 Grundsatzentscheidungen beim Lizenzeinkauf

Aus den definierten Marketing-Zielen des Lizenznehmer-Unternehmens ergeben sich die grundsätzlichen Möglichkeiten, welche Art von Lizenz am besten für die Zielerreichung eingekauft werden sollte[159] (siehe dazu auch **Abbildung 5.1**):

- **Größtmögliche Nähe des Lizenzthemas zum Produkt (Imagetransfer) und Art der Nutzung:**
  - Für dauerhafte Nutzung eines Lizenzthemas eignet sich ein eingeführtes (klassisches) Lizenzthema am besten.
  - Für kurzfristige Nutzung eines Lizenzthemas eignen sich sowohl eingeführte wie auch neue Themen.
- **Klassische, langfristig angelegte Lizenzthemen sind weniger Hypes ausgesetzt**
  Sie haben eine vorverkaufte Bekanntheit; dafür sind sie unter Umständen keine hoch emotionalen Themen mehr, da der Konsument sich bereits an sie gewöhnt hat.

---

[158] vgl. Kapitel 3.6 „Imagetransfer"
[159] vgl. *Böll* in: *Böll* (2001), Seite 264

- **Neue Lizenzthemen müssen erst noch bekannt werden**
  Sie bleiben eventuell nur kurzzeitig interessant und können auch zum Flop werden; ebenso können sie aber bei Erfolg hoch emotional sein und deswegen viele Produkte verkaufen.
- **TV-Lizenzthemen werden durch häufige Ausstrahlung stark penetriert und haben oft eine lange Lebensdauer**
  Sie eignen sich daher auch für längerfristige Kooperationen.
- **Internationaler Lizenzvertrieb:**
  Auswahl einer internationalen Lizenz

Diese grundsätzlichen Regeln können nur erste Anhaltspunkte bei der Überlegung sein, für welches Lizenzthema die Entscheidung fällt. Jedes Lizenzprodukt ist letztlich genauso individuell wie die vielen Lizenzthemen am Markt. Daher sollten die zur Disposition stehenden Lizenzthemen detailliert betrachtet werden und deren jeweiligen Stärken und Schwächen sowie deren Passgenauigkeit zum Lizenzprodukt zu den gesteckten Zielen wie auch zum Budget des Lizenznehmers für den Lizenzerwerb überprüft werden.

Abbildung 6.2 Für welche Unternehmensstrategie welche Art von Lizenz[160]

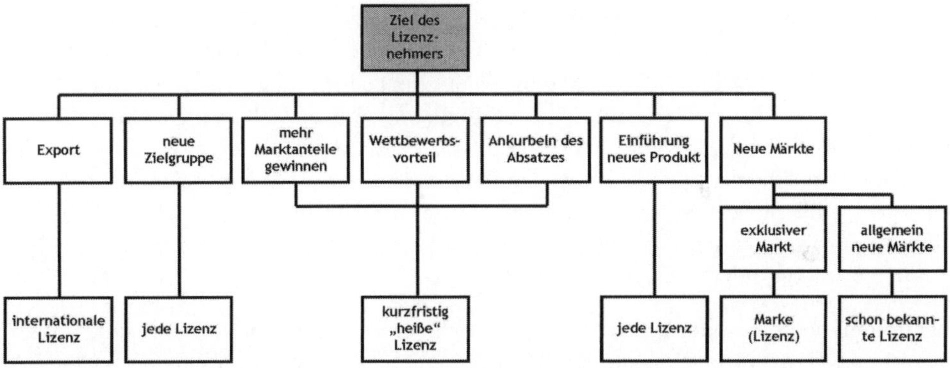

6.1.4 Marketing und Kommunikation

Ein Lizenznehmer sollte sich nicht darauf verlassen, dass die Marketing- und PR-Arbeit des Lizenzgebers für dessen Produkte ausreicht, um auch seine eigenen Lizenzartikel voranzubringen. Während der Lizenzgeber vorwiegend das Ziel hat, sein Lizenzthema insgesamt zu pushen und es als Ganzes bei der relevanten Zielgruppe zu platzieren, sollte sich der Lizenznehmer eigenständig darum kümmern, dass Handel und Endverbraucher von seinen Produkten zu einem Lizenzthema erfahren und diese ins Sortiment nehmen.

160 vgl. *Chouraqui/Ways* (2003), Seite 33

Unternehmensziele werden nicht allein durch den Einkauf eines erfolgversprechenden Lizenzthemas erreicht. Die Handelspartner müssen erst einmal von den einzelnen Lizenzprodukten überzeugt werden. Denn auch wenn darauf ein bekanntes Lizenzthema prangt und die Handelspartner gegebenenfalls schon weitere Lizenzprodukte dazu eingekauft haben, ist dies keine Garantie dafür, dass dies auch für das eigene Lizenzprodukt gilt. In der Kommunikation reicht das „simple Schalten" von ein paar Fachhandelsanzeigen meist nicht aus, um beim Handel zu punkten. Der Lizenznehmer sollte stattdessen bei Marketing- und Kommunikations-Maßnahmen an seine Vertriebspartner, aber auch an den Endverbraucher denken.

Kommunikationsmaßnahmen (Autogrammstunden, Wettbewerbe, Road Shows usw.) erhöhen für den Handel das Interesse an einem Lizenzprodukt – genauso wie das Lizenzthema selbst. Diese Aktionen ziehen Konsumenten in die Geschäfte und erhöhen deren Verweildauer dort, was sich oft in einer allgemeinen Umsatzerhöhung für den Handelspartner, aber auch beim Absatz mit Lizenzprodukten niederschlägt. Eventuell können sich auch mehrere Lizenznehmer eines Lizenzthemas für eine derartige Aktion zusammentun oder der Lizenzgeber organisiert ein gemeinsames Event von mehreren Lizenznehmern am POS im Handel.[161]

Oft verlangen Lizenzgeber, dass ein gewisser Betrag oder Prozentsatz – meistens zwischen drei und fünf – des Umsatzes der Lizenznehmer mit den Lizenzprodukten in Marketing und PR reinvestiert werden muss. Wohlgemerkt in eben diese Produkte. Eine andere gängige Praxis ist, wie bereits erwähnt, dass die Lizenznehmer eines Themas dazu verpflichtet werden, in einen Werbe- oder Marketing-Pool einzuzahlen, aus dem Kommunikationsmaßnahmen zum Lizenzthema und dazu verfügbare Waren bezahlt werden. Dazu gehören Markenimage-Werbung genauso wie verkaufsfördernde Werbemittel (z.B. Produktkataloge) zum Lizenzthema. Der Pool wird vom Lizenzgeber bzw. seiner Agentur verwaltet. Aber: Diese häufig vertraglich fixierten gemeinsamen Maßnahmen sind meist nicht ausreichend, um den Verkauf der eigenen Lizenzprodukte zu stützen, so dass Lizenznehmer hier zusätzlich in Werbung investieren sollten.[162]

Bei bestimmten Produktgruppen wie z.B. bei Spielwaren können sich Käufer- und Nutzerzielgruppe (**Primär-** und **Sekundärzielgruppe**) unterscheiden. Infolgedessen sollte die Adressierung von Marketing und Kommunikation darauf abgestimmt werden. In der Spielwarenindustrie bedeutet dies z.B., dass bei den Käufern, die meist Erwachsene sind, Attribute wie Qualität oder pädagogischer Nutzen wichtige Einkaufsargumente sind, während es bei den Kindern, den Nutzern, um emotionale Werte wie den Wunsch nach dem Spielzeug passend zur Lieblingsserie oder um spezielle Funktionen des Produktes geht. Marketing und Kommunikation müssen also unter Umständen mehreren Zielgruppen Rechnung tragen, die zum Teil sehr verschieden sind und sehr unterschiedliche Ansprüche an ein Produkt haben können, die den Kaufakt initiieren.

---

161 vgl. Kapitel 8 „Handel"

162 vgl. *Ott* in: *Böll* (2001), Seite 360 f.

Je besser sich Lizenznehmer und -geber bei den Marketing- und Kommunikationsmaßnahmen abstimmen und diese auch gemeinsam durchführen, desto größer ist die positive Außenwirkung für ein Lizenzthema, aus der im Idealfall auch höhere Umsätze resultieren, von denen alle Beteiligten profitieren. Am Ende liegt es jedoch allein in der Verantwortung des Lizenznehmers, dass seine (Lizenz-)Produkte verkauft werden.

6.1.5 Vertrieb von Lizenzprodukten

Es ist die Aufgabe des Lizenznehmers, für seine Produkte Handelslistungen und gute Platzierungen am POS bei den Handelspartnern zu erwirken. Da – wie schon erwähnt – der Handel inzwischen insbesondere bei Kinderprodukten eine große Sensibilisierung gegenüber Lizenzprodukten hat, kann die Verwendung des „richtigen" Lizenzthemas die Verhandlungen mit dem Handel durchaus erleichtern.

Der Lizenzvertrag schränkt die Auswertung eines Lizenzproduktes i.d.R. zeitlich ein. Hinzu kommen die Lizenzgebühren, die die Kalkulation des Produktes belasten. Daher ist es meist im Interesse von Lizenznehmern, ihre lizenzierten Produkte möglichst breit innerhalb der Vertragslaufzeit zu vertreiben, während Lizenzgeber häufig eher daran interessiert sind, die Vertriebskanäle auf diejenigen zu beschränken, die ihrer Meinung nach mit der qualitativen Wahrnehmung ihres Lizenzthemas korrespondieren. Daher werden häufig, wie erwähnt, insbesondere die Discounter als Vertriebskanäle ausgeschlossen.[163]

Ein einzelnes Lizenzprodukt hat es i.d.R. schwerer, sich im Handel zu positionieren, als eine ganze Range an Produkten zu einem Thema. Bei einem Sortiment an Produkten zu einer Lizenz besteht sowohl für den Handel als auch für die Lizenznehmer der Vorteil, dass die Artikel attraktiver am POS positioniert und so vom Endverbraucher besser wahrgenommen werden können.

Heute werden die Lizenzgeber deutlich mehr mit in die Verantwortung genommen, indem sie die Lizenznehmer bei Einkaufsverhandlungen mit den wichtigsten Handelspartnern begleiten. Der Lizenzgeber kann zusätzliche Marketing-Unterstützung für die Listung durch einen wichtigen Handelspartner anbieten, wie z.B. ein gemeinsames Gewinnspiel, die Schaltung von TV-Werbespots und/oder Anzeigen oder Zurverfügungstellung und/oder Mitfinanzierung von Werbemitteln am POS, die auf die Aktion hinweisen. Da die Lizenzgeber an den Verkaufserlösen der Lizenzprodukte partizipieren, sind großangelegte Aktionen bei Handelspartnern in ihrem Interesse. Gerade weil im Rahmen des Vertriebs die Präsentation der Waren am POS eine wichtige Rolle spielt, ist die Zusammenarbeit von Lizenzgeber und Lizenznehmer sinnvoll. Insbesondere eine erlebnisorientierte Inszenierung der Produkte im Ladengeschäft, die die Aufmerksamkeit der Endverbraucher z.B. mit Walking Acts, Bastelecken, Gewinnspielen mit Sofortgewinnen wie Produktproben oder außergewöhnlich gestalteten Displays auf sich zieht, unterstützt den Absatz.[164] Hier kommt

163 vgl. *Böll* (1996), Seite 186
164 vgl. *Saldsieder* (2008), Seite 193

häufig auch das Budget eines Marketing-Pools der Lizenznehmer zum Tragen, aus dem die Kommunikationsmaßnahmen für solche Aktionen finanziert werden.

6.1.6 Lizenzgebühren und Garantiesummen

Wichtiger Teil einer Lizenzkooperation sind die finanziellen Konditionen des Lizenzvertrags. Die Lizenzgeber wollen i.d.R. möglichst viel Geld mit der Lizenzierung erwirtschaften und erwarten daher hohe Garantiesummen, die ihnen unabhängig vom Verkaufserfolg des Lizenzproduktes eine sichere Einnahme bescheren.

Der Lizenznehmer muss hingegen bedenken, dass die Lizenzzahlungen die Kalkulation seiner Lizenzprodukte belasten, so dass sein Interesse möglichst niedrigen Gebühren sind. Höhere Gesamtproduktionskosten aufgrund von Lizenzzahlungen heben den Handelsabgabepreis im Vergleich zu einem generischen Produkt oft an. Hat dies zur Folge, dass der Endverbraucherpreis des Produktes zu hoch ist, kann dies ein Grund für eine nachlassende Nachfrage sein.

Faire Lizenzzahlungen sind ein Kompromiss aus den finanziellen Idealen beider Vertragsparteien. Zum einen sollten die Lizenzgebühren dem Bekanntheitsgrad und damit dem Wert eines Lizenzthemas durchaus Rechnung tragen. Zum anderen sollten die Konditionen den Lizenznehmer aber nicht finanziell runinieren. Manche Lizenzgeber vertreten sogar die Auffassung, dass Lizenzzahlungen – insbesondere Garantiesummen – eine bestimmte Höhe haben müssen, um den Lizenznehmer anzuspornen, alles für seine Lizenzprodukte zu tun, um mindestens die Garantiesumme einzuspielen.

Lizenzzahlungen bestehen i.d.R. aus einem Vorschuss – auch **Minimumgarantie**, **Guarantee Sum** oder **Garantiesumme** genannt – auf die zu erwartenden **Lizenzerlöse** und **Lizenzgebühren**, die auch als **Royalties** bezeichnet werden. Die Höhe des Vorschusses beträgt i.d.R. bis zu 50 Prozent der zu erwartenden Umsätze des Lizenznehmers in Form von Lizenzgebühren. Üblicherweise geben Lizenznehmer eine Prognose (**Proposal**)[165] ab, wie viele Einheiten des Lizenzproduktes voraussichtlich zu verkaufen sind. Anhand dieser Einschätzung legen die Lizenzgeber bzw. ihre Agenturen die Garantiesummen fest. Manche großen Lizenzgeber definieren eine generelle Mindesthöhe, die ein Lizenznehmer als Garantiesumme bereit sein muss zu zahlen. Verhandlungen unter diesem Betrag werden nicht weiterverfolgt. Die Garantiesumme wird entweder für die gesamte Vertragslaufzeit bezahlt oder jährlich. Des Weiteren wird ihre Zahlung häufig auf verschiedene Zeitpunkte gesplittet: z.B. bei Vertragsunterzeichnung, bei Abnahme der Prototypen und bei Markteinführung.

Natürlich spielt auch die allgemeine Nachfrage nach einer Lizenz eine Rolle bei der Festlegung der Garantiesumme. Diese ist bei einem seit Jahren erfolgreichen Thema wie *Disneys Cars* sicher höher als bei einem Thema, das erst noch in den Markt eingeführt wird. Natür-

165 vgl. Kapitel 5.4.6 „Finanzielles Angebot des Lizenznehmers“

lich sind Lizenzgeber auch daran interessiert, bestimmte Lizenzprodukte aus strategischen Gründen im Markt zu positionieren, so dass sie hier ggf. geringere Garantiesummen aufrufen, um den potenziellen Lizenznehmer vom Einkauf des Themas zu überzeugen.

Die Lizenzgebühren errechnen sich i.d.R. auf Basis des **Handelsabgabepreises** (kurz **HAP**). Diesen Nettopreis zahlt der Handel für den Einkauf der (Lizenz-)Produkte. Bei preisgebundenen Artikeln wie Büchern und Zeitschriften wird stattdessen auch der **Netto-Ladenverkaufspreis** (kurz **NLVP**) als Basis für die Errechnung der Lizenzgebühren verwendet. Die Lizenzgebühren bewegen sich i.d.R. zwischen 5 und 20 Prozent vom HAP (preisgebundene Produkte i.d.R. 5 bis 10 Prozent vom NLVP). In manchen Branchen, wie z.B. Lebensmittel, sind die Lizenzgebühren niedriger (meist 4 bis 6 Prozent vom HAP) als bei vielen anderen Konsumgütern (durchschnittlich 10 Prozent vom HAP). Hin und wieder werden auch fixe Stücklizenzen pro Exemplar vereinbart. Auch Staffeln, bei denen je nach verkaufter Auflage die Umsatzbeteiligung des Lizenzgebers automatisch erhöht wird, sind üblich. Manche Lizenzgeber geben auch feste Lizenzgebührensätze vor, die nicht verhandelbar sind.

Die Spanne der Lizenzgebühren richtet sich auch nach der Art der Distribution der Lizenzprodukte. Massenmarkt-Vertrieb z.B. über Discounter bedeutet für den Lizenznehmer sehr enge Gewinnmargen, so dass auch die Prozentuale der Lizenzgebühren hier i.d.R. kleiner ist – was sich aber meist über die größeren Verkaufsmengen für den Lizenzgeber wieder ausgleicht. Auch gibt es Branchen, in denen die Gewinnmargen für den Hersteller bzw. Lizenznehmer generell verhältnismäßig gering sind. Zu diesen gehört die schon erwähnte Lebensmittelindustrie, in der die Lizenzgebühren oft auf Basis geringerer Prozentualen vom HAP berechnet werden, weil hier lizenzierte Produkte dem Konsumenten meist zum gleichen Preis angeboten werden wie generische Produkte.

Gerade bei Lizenzartikeln, die in Asien produziert werden, wird oft auch der **F.O.B.-Preis**[166] als Basis für die Ermittlung der Lizenzgebühren verhandelt. Dieser beinhaltet die Herstellungskosten vor Ort sowie den Transport der Lizenzprodukte bis auf das Schiff, das die Waren an den Bestimmungsort transportiert. Sämtliche Kosten des Transportes selbst sowie dabei entstehende Kosten (Zölle, Einfuhrsteuern usw.) sind in diesem Preis jedoch nicht enthalten, so dass die Berechnungsgrundlage für die Beträge für die Lizenzgebühren deutlich geringer ist, als wenn diese vom HAP am Bestimmungsort berechnet würden. Häufig wird die Prozentuale für Lizenzgebühren auf F.O.B.-Basis daher um bis zu vier Prozentpunkte höher angesetzt als bei der Berechnung auf HAP-Basis, um die zu zahlenden Beträge zu erhöhen. Daneben gibt es übrigens noch die sogenannte **Stücklizenz**, ein fester Betrag pro verkauftem Exemplar, der manchmal statt einer Prozentuale als Lizenzgebühren anfällt.

Lizenzgebühren und Garantiesummen sind i.d.R. miteinander verrechenbar. Daher muss der Lizenznehmer nach der Zahlung der Garantiesumme so lange keine zusätzlichen Lizenzgebühren an den Lizenzgeber abführen, bis er die Garantiesumme „eingespielt" hat.

166 F.O.B. (Free on Board)-Preis = Frei an Bord, bei Transporten mit dem Schiff (z.B. aus Asien)

Weiterhin gibt es auch Lizenzverträge, bei denen keine Garantiesumme vereinbart wird oder nur eine **Flat Fee**[167] ohne zusätzliche Lizenzgebühren. Dies kommt besonders bei zeitlich begrenzten Kooperationen wie z.B. im Lebensmittelbereich bei Promotions (z.B. einer vierteljährlichen Promotion mit einem Frühstückscerealien-Hersteller wie *Kellogg*) vor. Selbstverständlich kommen in der Praxis zudem auch Lizenzverträge ohne Garantiesumme vor.

Basis der Lizenzgebührenzahlung ist die sogenannte Lizenzabrechnung, die Lizenznehmer meist viertel- oder halbjährlich beim Lizenzgeber oder bei dessen Agentur einreichen. Dabei handelt es sich um eine Aufstellung, meist nach Vertriebskanälen geordnet, der Abverkäufe der Lizenzprodukte, aus der die verschiedenen Rabattierungen für die unterschiedlichen Handelspartner und Vertriebsterritorien zu entnehmen sind. Damit werden die zu zahlenden Lizenzgebühren errechnet; Retouren werden dabei i.d.R. abgezogen. Für Freiexemplare der Lizenzprodukte, die der Lizenznehmer an den Lizenzgeber in bestimmter Auflage kostenfrei liefern muss (Belege), genauso wie für kostenfrei gelieferte Exemplare z.B. für die Pressearbeit oder zur Bemusterung der Einkäufer der Handelspartner muss der Lizenznehmer keine Lizenzgebühren bezahlen.

Da es keine bindende Form gibt, wie ein Lizenzvertrag aussehen muss, gibt es auch keine vorgeschriebene Art und Weise, von welcher Größe Lizenzgebühren zu berechnen sind und ob und wie eine Garantiesumme gezahlt werden muss.

6.1.7 Internationalisierung mit Lizenzthemen

Internationale Märkte unterscheiden sich, wie ausgeführt,[168] u.a. nach Umweltbedingungen, Kulturen, demografischen Strukturen und Wohlstand vor Ort. Entsprechend können Lizenzthemen in verschiedenen Ländern sehr unterschiedlich bekannt und beliebt sein.

Die internationale Heterogenität der Kundennachfrage nach Lizenzthemen kann sich ein Lizenznehmer zu Nutze machen, wenn er einen bestimmten internationalen Markt erobern möchte. In diesem kann er eine dort beliebte Lizenz für die Markierung seiner Produkte einkaufen, um diese dem Konsumentengeschmack vor Ort anzupassen. Hilfreich für den Erfolg des Produktes im Ausland sind häufig zusätzliche Modifikationen am Produkt selbst sowie eine dem Zielland angepasste Werbung und PR für das Produkt.

6.1.8 Umsatzeinschätzung für ein Lizenzthema (Lizenznehmer)

Auch Lizenznehmer sollten sicherstellen, dass die geplante Lizenzkooperation aus kaufmännischer Sicht sinnvoll ist. Ein solcher Forecast beginnt mit der Kalkulation seines Lizenzproduktes und der Ermittlung einer realistischen Mindestverkaufsmenge an Arti-

---

167 Flat Fee = Pauschalpreis

168 vgl. Kapitel 5.2.3 „Internationalisierung über Licensing"

keln, bei deren Verkauf die Kosten der Produktion sowie des Einkaufes des Lizenzthemas zumindest gedeckt werden können. Eine Umsatzeinschätzung sieht grob wie folgt aus:

FORECAST EINES LIZENZPRODUKTES

1. **Festlegung des angestrebten Endverbraucherpreises**
   Dies kann beispielsweise anhand von Referenzprodukten (auch der Konkurrenz) erfolgen.
2. **Errechnung des Handelsabgabepreises**
   Wie oben erwähnt, liegt dieser i.d.R. bei 50 Prozent des Netto-Endverbraucherpreises (kann jedoch branchenspezifisch variieren).
3. **Errechnung der Lizenzgebühren pro Stück**
   Basis ist meist der Handelsabgabepreis, von dem i.d.R. zehn Prozent Lizenzgebühren an den Lizenzgeber oder dessen Agentur abzuführen sind.
4. **Erfassung der Stückkosten für Herstellung und Vermarktung des Lizenzproduktes**
   Kosten können sich ändern und müssen eventuell pro Jahr der Lizenzvertragslaufzeit angeglichen werden.
5. **Die Summe aus Stückkosten und Lizenzgebühren pro Stück**
   Ergibt die Gesamtkosten pro Lizenzprodukt.
6. **Die Differenz aus Handelsabgabepreis und Gesamtkosten pro Stück**
   Ergibt den Gewinn pro Lizenzprodukt, dabei sind Sonderrabatte für Großkunden zu berücksichtigen.
7. **Prognose realistischer Absatzmengen**
   Diese kann wieder anhand von Referenzprodukten oder Erfahrungen und Gesprächen mit wichtigen Handelspartnern erfolgen.
8. **Die Multiplikation der Absatzmengen mit dem Gewinn pro Stück**
   Ergibt den Gesamtgewinn (oder -verlust) pro Vertragsjahr.

Bei einer Flat Fee ist deren Betrag auf die vereinbarte Menge an Lizenzprodukten aufzuteilen, um diese so als Stücklizenz in die Kalkulation aufnehmen zu können.

Wie erwähnt wird in Lizenzverträgen häufig eine Garantiesumme vereinbart, die der Lizenznehmer meist vor Beginn der Produktion und des Vertriebs der Lizenzprodukte an den Lizenzgeber zu leisten hat.[169] Die Lizenzprodukt-Kalkulation eines Lizenznehmers sollte so aufgestellt sein, dass er bei einem normal ablaufenden Verkauf seiner Lizenzprodukte in jedem Fall die Garantiesumme erreichen oder sogar übertreffen kann. Anderenfalls würde die Garantiesumme eine zusätzliche Belastung seiner Kalkulation bedeuten und die Stückkosten erhöhen.

---

[169] vgl. Kapitel 6.1.6 „Lizenzgebühren und Garantiesummen“

6.1.9 Investitionen

Der Lizenznehmer kümmert sich um die Produktion der von ihm lizenzierten Lizenzprodukte. In seinen Aufgabenbereich fallen entsprechend die Anschaffung von Maschinen und Werkzeugen und auch die Produktentwicklung, die auch die Verpackung und die hierfür vorgesehenen Werbemittel einbezieht. Hinzu kommen Ausgaben für Marketing und PR rund um die Lizenzprodukte. All diese Positionen sind rasch mit hohen Kosten verbunden, die zusätzlich im Vergleich zur Herstellung von generischen Produkten im Portfolio des Lizenznehmers entstehen. Sie belasten ebenso wie die Lizenzgebühren die Kalkulation des Lizenzproduktes.

Der Lizenznehmer kann diese Aufgaben zur Herstellung der Lizenzprodukte und der Werbemittel selbst erfüllen oder sie auf externe Unternehmen übertragen. Natürlich entstehen auch hier Kosten, die in die Kalkulation des Endproduktes einfließen. Statt Tooling-Kosten[170] werden hier dem Auftrag gebenden Lizenznehmer meist Kosten pro Stück vom externen Hersteller in Rechnung gestellt, die Tooling, Material, Arbeitskosten etc. zusammengerechnet berücksichtigen.

Egal, ob der Lizenznehmer die Produktion selbst vornimmt oder hierfür einen externen Dienstleister beauftragt, er sollte stets genau durchrechnen, welche Mehrkosten ihm für die Herstellung von Lizenzprodukten inklusive der Lizenzgebühren entstehen. Durch Gespräche mit Handelspartnern kann er herausfinden, welcher Handelsabgabepreis und welche Absatzmenge für das geplante Lizenzprodukt realistisch sind. Anhand dieser Daten lässt sich dann ermitteln, wie viele Einheiten des Lizenzproduktes verkauft werden müssen, um die Investitionen rund um den Einkauf der Lizenz zu refinanzieren. Nur wenn der Break-Even-Point realistish erreicht werden kann, ist es sinnvoll, ein Lizenzthema einzukaufen.

6.1.10 Lieferbarkeit der Lizenzprodukte

Die Abverkäufe von Lizenzprodukten sind naturgemäß eng an die Beliebtheit der Lizenz, derer sie sich bedienen, und an die entsprechende Nachfrage nach den dazu passenden Lizenzprodukten gebunden. Wichtig ist dabei, dass die Ware zum geplanten Termin (z.B. Kinostart) auf jeden Fall verfügbar ist.

Große Nachfrage kann den Lagerbestand bedenklich schmälern, so dass eine kurzfristige Nachproduktion der Waren notwendig wird. Bei eher kurzfristig angelegten Themen wäre es fatal, wäre die Ware zu schnell ausverkauft und die Nachlieferung träfe womöglich erst nach Abebben des Hypes ein. In Fernost georderte Produkte haben einen Transportzeitraum von sechs bis acht Wochen per Schiff. Die wesentlich schnellere Luftfracht verteuert ein Lizenzprodukt erheblich, so dass darauf selten zurückgegriffen wird. Aber auch zu große Mengen an Produkten im Handel und auf Lager können zu einem Problem werden,

---

170 Tooling = Maschineneinrichtung (Produktion)

wenn sie nicht abverkauft werden. Hier wird das Verhältnis zu den Handelspartnern negativ beeinflusst; möglicherweise muss der Lizenznehmer sogar Waren zurücknehmen und an Lager befindliche Mengen müssen verramscht bzw. vernichtet werden, um nicht auch noch neben den nicht durch Abverkauf gedeckten Produktionskosten hierfür hohe Lagerkosten für die „Ladenhüter" zu produzieren.

Eine gute Warenplanung beeinflusst also maßgeblich den Erfolg einer Lizenzierung. Der Lizenznehmer sollte einen engen Kontakt mit dem Handel pflegen, um zunächst die möglichen Absatzmengen einschätzen zu können, aber auch um Informationen über den Abverkauft der gelieferten Waren zu erhalten. Der Dialog mit dem Handel hilft auch bei der Entscheidung, ob und in welcher Menge eine Nachproduktion erfolgen soll.

Lizenznehmer sollten vor Unterzeichnung eines Lizenzvertrags wissen, ob und wie sie mit Lieferengpässen umgehen können, um der Nachfrage bestmöglich nachzukommen. Dennoch ist es nicht einfach, realistische Verkaufsprognosen für Lizenzprodukte abzugeben, denn nicht immer funktioniert eine Lizenz oder ein bestimmtes Lizenzprodukt wie vorausgesagt. Eine eher konservative Planung und ein guter Kontakt zu den wichtigsten Handelspartnern helfen aber, die Situation realistisch einzuschätzen und das Risiko einigermaßen kalkulierbar zu halten.

6.1.11 Verwaltung eines Lizenzprogramms

Für den Lizenznehmer beschränken sich die Aufgaben im Rahmen eines Lizenzprogrammes nicht nur auf Einkauf einer Lizenz, Zahlung der vertraglich vereinbarten Lizenzgebühren und Entwicklung und Produktion der Lizenzprodukte sowie deren Vertrieb. Auch im Unternehmen des Lizenznehmers sollten gewisse Strukturen geschaffen werden, möchte er dauerhaft und seriös mit Lizenzthemen arbeiten.

Das Eingehen einer Lizenzkooperation hat Auswirkung auf die Unternehmensorganisation, da viele unterschiedliche Abteilungen beim Lizenznehmer in die Realisierung, aber auch in die Verwaltung einer solchen Kooperation involviert sind bzw. externe Firmen oder Freelancer für einzelne dieser Aufgaben beauftragt werden. Aus dem Lizenzvertrag ergibt sich für den Lizenznehmer eine Reihe von Verpflichtungen, die er zu erfüllen hat und für die die Schaffung von gewissen Strukturen vorteilhaft ist, da diese Aufgaben wiederkehrend sind:

Die Marketingabteilung ist häufig sowohl für den Einkauf der Lizenzen als auch für die Vermarktung der späteren Lizenzprodukte verantwortlich. Hierbei geht es auch um Werbung und PR für das Produkt. Sie kümmert sich i.d.R. auch um den Freigabeprozess (Approval) mit dem Lizenzgeber. Jedes Lizenzprodukt muss zudem natürlich zunächst entwickelt werden und wird nach erfolgreicher Freigabe produziert. Der Vertrieb kümmert sich um die Platzierung der Produkte im Handel. Manchmal ist auch die Vertriebsabteilung für den Erwerb von Lizenzthemen zuständig oder hat zumindest Mitspracherecht hierbei. Die kaufmännische Abteilung schließlich erstellt die Lizenzabrechnungen zum im Lizenzvertrag vereinbarten Zeitpunkt und koordiniert die Überweisung der Lizenzgebühren.

Aus dem Aufsetzen der notwendigen Verwaltung von Lizenzthemen im Unternehmen des Lizenznehmers entstehen auch Kosten, etwa für gegebenenfalls zusätzliches Personal, aber auch externe Dienstleister, die z.B. in der Produktentwicklung und/oder deren Verwaltung involviert sind.

6.2 Produktentwicklung

6.2.1 Style Guide

Der Style Guide ist die Grundlage für die Umsetzung eines Lizenzthemas in Lizenzprodukte. Es ist Aufgabe des Lizenzgebers, einen Style Guide zu erstellen. Für viele Lizenznehmer ist das Vorhandenseins eines „guten" Style Guides ein wichtiges Argument, ein Lizenzthema überhaupt einzukaufen, da dessen Vorgaben und Vorlagen helfen, attraktive Lizenzprodukte zu entwickeln.

Der Style Guide ist eine Art Festlegung der Designvorschriften eines Lizenzthemas in gedruckter und/oder digitaler Form und enthält einen Datenträger mit den Designelementen oder einen Download-Link auf den Server des Lizenzgebers, wo diese Elemente heruntergeladen werden können. Der Style Guide kann lediglich Logos, ein paar Figuren und Farb- und Schriftvorgaben enthalten oder aber auch sehr detailliert sein und z.B. festlegen, wann welche Hintergrundfarbe zu verwenden ist oder wie groß genau der Abstand zwischen zwei Designelementen sein muss. Außerdem liefert der Style Guide genaue Vorgaben zur Produkt- und Verpackungsgestaltung und beinhaltet i.d.R. auch Hintergrundwissen zum Lizenzthema wie z.B. Kurzbiografien der Figuren und eine Darlegung der Geschichte. Alle diese Informationen dienen als Anhaltspunkte für die Designer des Lizenznehmers, das Lizenzprodukt bestmöglich im Sinne des Lizenzgebers zu gestalten. Die Gestaltungsregeln des Style Guides sollten auch bei den Werbemitteln für die Lizenzprodukte eingehalten werden.

Neben der Aufstellung von strategischen Leitfäden für die Vermarktung ist der Style Guide auch eine der grundlegenden Voraussetzungen für die erfolgreiche Auswertung eines Lizenzthemas, da sich alle Lizenznehmer daran halten müssen. Nur über dessen strikte Einhaltung kann garantiert werden, dass alle Lizenzprodukte zu einem Thema in Design und Qualität „aus einem Guss" sind und einen Wiedererkennungswert für den Konsumenten haben.

Inzwischen ist es üblich, Designs oder ganze Style Guides für unterschiedliche Anlässe, Jubiläen und Saisons (z.B. Weihnachten, rundes Markenjubiläum) zu erstellen. Des Weiteren wird im Rahmen der „Frischhaltung" eines Lizenzthemas vom Lizenzgeber erwartet, dass die Designs regelmäßig ergänzt und modernisiert werden. Immer häufiger bieten Lizenzgeber ihren Lizenznehmern passwortgesicherte Websites an, von denen sie sich das benötigte Artwork herunterladen können. In diesen Datenbanken befindet sich immer neustes Designmaterial, mit dem die Lizenznehmer arbeiten können.

Wenn eine Lizenzagentur für die Lizenznehmerakquise eingesetzt wird, so fällt es meist in die Aufgaben der Agentur, den Style Guide zu erstellen. Oft auf eigene Kosten, denn i.d.R. ist es Aufgabe der Lizenzagentur, die notwendigen Materialien für die Vermarktung eines Lizenzthemas zu erstellen. Selbstverständlich erfolgt die Realisierung eines Style Guides in enger Absprache mit dem Lizenzgeber.

Der **Copyright-Vermerk** ist der Verweis auf den Lizenzgeber für ein Lizenzthema, der i.d.R. auf allen Lizenzprodukten (meist auf der Verpackung) und den Werbemitteln anzubringen ist. Dieser Hinweis stellt klar, dass es sich bei dem verwendeten Lizenzthema um ein urheberrechtlich geschütztes Thema handelt und wer Inhaber und/oder Vertreiber (Lizenzagentur) der Rechte ist. Der genaue Wortlaut des Copyright-Vermerks wird häufig im Lizenzvertrag definiert und ist auch oft mit genauer Typographie und Vorgabe des Schriftgrads im Style Guide aufgeführt.

Normalerweise entwickelt der Lizenznehmer auf Basis der Vorgaben und Vorlagen aus dem Style Guide die Lizenzprodukte. Es gibt jedoch auch Lizenzgeber und -agenturen, die die Entwicklung des Designs der Lizenzprodukte – zum Teil gegen eine Gebühr – für die Lizenznehmer übernehmen.

6.2.2 Freigabeprozess (Approval)

Die Freigabe ist wahrscheinlich der komplizierteste und manchmal auch konfliktreichste Part innerhalb der Beziehung zwischen Lizenzgeber bzw. -agentur und Lizenznehmer. Der Lizenznehmer kann das ihm zur Verfügung gestellte Artwork eines eingekauften Lizenzthemas nicht einfach nach eigenem Ermessen verwenden. Sämtliche wichtigen Zwischenschritte bei der Erstellung eines Lizenzproduktes müssen i.d.R. freigegeben werden: von der Produktidee bzw. dem Konzept für das Produkt und den geplanten Funktionen, über Referenz-Qualitätsmuster, Entwürfe für das Produktdesign, Prototypen, Pre-Production-Samples bis gelegentlich hin zu Mustern aus der angelaufenen Produktion. Dabei geht es bei der Freigabe nicht nur um die korrekte und strategiegemäße Verwendung eines Lizenzthemas auf Lizenzprodukten. Es geht auch um die Einhaltung des Lizenzvertrags bezüglich der lizenzierten Produkte wie auch der Produktqualität, die ebenfalls meist im Lizenzvertrag definiert wird. Des Weiteren müssen üblicherweise auch sämtliche Werbemittel sowie geplante Marketing- und PR-Maßnahmen freigegeben werden.

Der Freigabeprozess kann sich u.a. aufgrund zahlreicher Zwischenschritte hinziehen und steht dazu häufig unter Druck der sogenannten **Lead Times** für die Produktion, die die Auslieferung der Ware zum geplanten Termin an den Handel festlegen. Um die Timings halten zu können, wird oft in Lizenzverträgen festgelegt, wie lange sich der Lizenzgeber mit Freigaben Zeit lassen kann. Häufig wird in diesem Zusammenhang auch beschlossen, dass eine Freigabe als erteilt gilt, wenn sich der Lizenzgeber innerhalb dieser Frist nicht meldet. Die üblichen Freigabefristen liegen meist zwischen 5 und 15 Werktagen.

Viele „Freigabeschleifen", aufgrund von Änderungen und immer wieder neu erforderlichen Freigaben, verursachen natürlich Kosten beim Lizenznehmer. Gleiches gilt für unterschiedliche Auffassungen beim Qualitätsanspruch der Lizenzprodukte, da vor allem Lizenzgeber auf bestmögliche Produktqualität pochen, die für so manchen Lizenznehmer bei der Produktion die Kalkulation stark belastet als auch den avisierten Endverbraucherpreis in Frage stellen kann. Auch auf Seiten der Lizenznehmer kommt es häufig zu Druck hinsichtlich der Freigabe. Dies gilt besonders für Branchen, in denen die Vertriebsabteilung Mitsprache bei der Produktentwicklung hat, wie es z.B. in Verlagen, aber auch der Spielwarenindustrie üblich ist. Zudem kann die Meinung von Handelspartnern, mit denen Lizenznehmer oft zu frühen Zeitpunkten sprechen, das Design eines Lizenzproduktes beeinflussen.

Große Lizenzgeber wie z.B. *Warner Bros.*, die eine große Anzahl von Lizenzthemen und -produkten verwalten, arbeiten heute mit Online-Approval-Tools, in die der Lizenznehmer seine Layouts zur Freigabe hochlädt und über die die gesamte Freigabe-Kommunikation läuft. Aber auch viele andere Lizenzgeber bearbeiten Lizenzfreigaben standardisiert, indem sie die Freigabeprozesse genau vorgeben, um ihrerseits eine fristgemäße Freigabe gemäß des Lizenzvertrags gewährleisten zu können.

Selbstredend, dass die Ansprüche an die zeitliche Positionierung eines Lizenzthemas unterschiedlich wichtig für Lizenzgeber und -nehmer sein können. Manchmal kommt es daher zwischen ihnen zu unterschiedlichen Auffassungen bei Produktentwicklung und Freigabeprozessen, die bis zu deren Abschluss den Vertrieb der Lizenzprodukte und damit den Umsatz für den Lizenznehmer blockieren.

6.3 Auswahl von Lizenzthemen

Stellt ein Unternehmen innovative und erfolgreiche Produkte her, so wird es sicher früher oder später von einer Lizenzagentur oder einem Lizenzgeber bezüglich einer Lizenzkooperation angesprochen. Lizenznehmer können sich aber auch proaktiv über neue Lizenzthemen informieren und diese unter Umständen zu einem sehr frühen Zeitpunkt erwerben.

In Deutschland sind die beiden wichtigsten Veranstaltungen für Lizenzthemen die beiden Events der deutschen Repräsentanz des internationalen Licensing-Verbandes *LIMA*[171]: der *Tag der Lizenzen* im März oder April in Köln und der *Licensing Market* im November in München. Alle namhafte Lizenzagenturen und -geber des deutschsprachigen Raums sind auf der Kölner Veranstaltung vertreten und stellen ihre Lizenzthemen im Rahmen von Kurzpräsentationen vor einem großen Plenum vor. Die Münchner Veranstaltung ist hingegen eine klassische Messe mit Ständen, an denen Einzelgespräche stattfinden können.

Auf europäischem Parkett gibt es zudem u.a. die Messen *Brand Licensing Europe*[172] in London sowie die Lizenzmessen der auf Licensing-Consulting spezialisierten französischen

[171] Link: *www.lima-verband.de*
[172] Link: *www.brandlicensing.eu*

Agentur *Kazachok*[173] in Paris (*Kazachok Forum*) und Mailand (*Kazachok Licensing Forum Italiano*). Auch die *Internationale Kinderbuchmesse Bologna*, die jährlich im Frühjahr stattfindet, hat seit einiger Zeit eine Licensing-Ausstellung im Rahmen ihrer Messe etabliert. Für internationale Trends, die oft erst mit ein wenig Verzögerung nach Europa schwappen, ist des Weiteren die *Licensing Expo*[174] in Las Vegas von großer Bedeutung. Daneben gibt es weitere lokale Lizenzmessen z.B. in Osteuropa, dem Nahen Osten oder Asien.

Auch Industriemessen, wie z.B. die *Spielwarenmesse International Nürnberg*, die *Frankfurter Buchmesse*, die Computerspiele-Messe *gamescom* oder die Lebensmittelmesse *Anuga* (beide in Köln), können einen guten Aufschluss über Lizenzen geben, da mittlerweile in alle erdenklichen Produktkategorien hinein lizenziert wird oder von unterschiedlichen Produkten Lizenzen generiert werden. Messen generell sind ideale Terrains, um zu recherchieren, welche Themen die Konkurrenz eingekauft hat und welche Themen aktuell sehr gefragt sind. Zudem tummeln sich auf allen Konsumgütermessen Mitarbeiter von Lizenzagenturen und Lizenzgebern auf der Suche nach Lizenznehmern.

Zusätzlich ist auch ein Blick in die allgemeine wie auch die Fachpresse – von z.B. *w&v* über *Spielzeug International*, *Textilwirtschaft* bis hin zur *Lebensmittelzeitung* – hilfreich, um sich über den Lizenzmarkt zu informieren. Erwähnenswert sind außerdem die wöchentlichen *Brandora*-E-Mail-Newsletters [175] über die Spielwaren- und Lizenzbranche. In der Zeitschrift *Licensing Press*,[176] den Publikationen und E-Mail-Newsletters der amerikanischen Unternehmen *EPM* und *Advanstar* sowie von *Kazachok* und der britischen Zeitschrift *Total Licensing*[177] kann man sich ebenfalls über die internationalen Lizenzmärkte informieren. Hinzu kommen natürlich zahlreiche weitere nationale und internationale Publikationen, die sich inhaltlich ausschließlich mit der (internationalen) Lizenzbranche oder in mehr oder weniger festen Rubriken regelmäßig mit Licensing beschäftigen – wie z.B. die Spielwarenfachpresse.

Die Ergebnisse von Marktforschungsinstituten wie z.B. *iconkids & youth*[178] oder *npdgroup*[179], aber auch von Unternehmen wie der *Kids VA-Studie*[180] des *Egmont Ehapa Verlags* geben ergänzend dazu Aufschlüsse über Trends in den Kinder- und Jugendzielgruppen sowie über die reellen Verkaufszahlen von Lizenzprodukten im Spielwarenbereich.

6.3.1 Generelle Auswahl von Lizenzthemen

Es ist nicht möglich, allgemein gültige Regeln aufzustellen, wann ein Lizenzthema „gut" und ein Einkauf für einen potenziellen Lizenznehmer ratsam ist. Dies hängt – wie schon

173 Link: *www.kazachok.com*
174 Link: *www.licensingexpo.com*
175 Link: *www.brandora.de*
176 Link: *www.licensing-online.com*
177 Link: *www.totallicensing.com*
178 Link: *www.iconkids.com*
179 Link: *www.npd.com*
180 Link: *www.egmont-mediasolutions.de*

mehrfach erörtert – u.a. von den Marketing- und PR-Aktivitäten des Lizenzgebers ab. Und auch davon, ob ein Lizenzthema überhaupt erfolgreich werden kann oder schon ist. Zum anderen gibt es eine Reihe von Variablen, die nicht vorhersehbar sind, die aber dennoch mit entscheiden, ob der Endverbraucher ein Lizenzthema annimmt oder nicht.

Ob ein Lizenzthema zu einem spezifischen Lizenznehmer und dessen Produkten passt, hängt wiederum auch von dessen strategischen Zielen, seinem Budget und Vertrieb ab. Was bringt der Einkauf eines sehr erfolgversprechenden Lizenzthemas, das den Lizenznehmer finanziell jedoch ruiniert, da die Garantiesumme für ihn zu hoch ist? Oder was soll ein Lizenznehmer mit ausschließlichem Vertrieb in Deutschland mit einem Lizenzthema, das vorwiegend in Italien erfolgreich ist, hierzulande aber niemand kennt?

Grundsätzlich besteht immer ein Restrisiko beim Erwerb einer Lizenz. Ein Thema kann trotz aller erdenklichen Maßnahmen und Voraussagungen doch ein Flop werden oder bei anderen Lizenznehmern hervorragend funktionieren, nicht aber bei den eigenen Produkten. Die Wahrscheinlichkeit eines Erfolgs mit einer Lizenz nimmt jedoch zu, ist das Produkt auch ohne Lizenzmarkierung gut. Die Lizenz wertet dann das Produkt „nur" noch zusätzlich durch Emotionalisierung auf. Das Lizenzthema an sich mag zum Kauf eines Spielzeugs anregen, geht das Spielzeug aber schnell kaputt oder macht es keinen Spaß, damit zu spielen, wird infolgedessen kein weiteres Spielzeug mit der Lizenz oder von dem Lizenznehmer gekauft werden, da der Käufer enttäuscht worden ist. Durchdachte Marketing- und PR-Aktivitäten des Lizenzgebers, aber auch des Lizenznehmers selbst, unterstützen zusätzlich den Erfolg der eigenen Lizenzprodukte.

Checkliste: Allgemeine Auswahl von Lizenzthemen

- **Passen Lizenzthema und Produkt zusammen?**
  Nicht jedes Produkt passt zu jedem Lizenzthema, weil es keine logische Verbindung zwischen Lizenz und Produkt gibt (Imagetransfer). Hier ist ggf. auch zu entscheiden, ob sich ein nationales oder internationales Thema besser für die geplanten Produkte eignet.

- **Passen die Zielgruppen des Lizenzthemas und die der eigenen Produkte zusammen?**
  Stimmen Alter, Einstellungen, verfügbares Einkommen, Geschlecht und ähnliche Faktoren der Zielgruppe des Lizenzthemas mit denen des Produktes überein?

- **Definition des Zusatznutzens für das Produkt durch das Lizenzthema**
  Welche Vorteile in Form von Eigenschaften, Image usw. kann das Lizenzthema auf das geplante Lizenzprodukt übertragen?

- **Übereinstimmung des Lizenzthemas mit der eigenen Unternehmensphilosophie und den Produkten des Lizenznehmers**
  Können das eigene Design und das der Lizenz vereinbart werden? Gibt es Vorgaben, die die eigenen Abläufe und die Herstellung behindern würden?

- **Medienpräsenz**
  Findet das Thema in den Medien statt? Vor allem bei Kinothemen ist die Medienpräsenz (Anzahl Kopien in den Kinos, Kinobesucher der Vorgängerfilme oder vergleichba-

rer Filme im In- und Ausland etc.) wichtig, um ein Lizenzthema erfolgreich zu machen. Dazu zählt auch die Pressearbeit rund um ein Lizenzthema.

- **Wie lange ist das Thema schon im Markt, und wie wird das Lizenzthema aufgebaut und „frisch" gehalten?**
  Welche Werbemaßnahmen in den Medien, Events, Artwork, Sonderprogrammierung im TV, Pressearbeit usw. plant der Lizenzgeber für das Lizenzthema?

- **Bei Kinderthemen: möglichst hohe Akzeptanz, auch gerade der Eltern**
  Eltern bzw. Erwachsene kaufen meist die Lizenzprodukte. Ihre Einstellung zum Lizenzthema ist daher von großer Bedeutung.

- **Akzeptanz und Bekanntheit der Lizenz in der Zielgruppe**
  Liegen positive Marktforschungsergebnisse oder Erfolgsnachweise vor wie z.B. Quoten oder Verkaufszahlen? Ist das Thema neu, gibt es wahrscheinlich noch keine Informationen zum eigenen nationalen Markt, vielleicht jedoch aus anderen, internationalen Märkten und zu vergleichbaren Themen. Was ergeben Konsumentenbefragungen?

- **Wo steht das Lizenzthema innerhalb seines „Lizenz-Lebenszyklus"?**
  Je nachdem, ob ein Thema am Anfang seiner Auswertung steht (am Anfang, auf dem Zenit oder eher am Ende der Auswertungsperiode) oder nur einen kurzen Auswertungszeitraum hat, ändern sich Nachfrage und auch Verhandlungsbasis der finanziellen Vertragskonditionen.

- **Bisherige Erfolgshistorie beim Verkauf von Lizenzprodukten**
  Wie viele und welche anderen Lizenznehmer gibt es schon im eigenen als auch in anderen Territorien? Wie erfolgreich verkaufen sich die Lizenzprodukte anderer Lizenznehmer?

- **Unverwechselbare Figuren, Design, Logo und/oder Thema**
  Was unterscheidet das Thema von anderen (USP), was macht es eigenständig?

- **Gibt es „brauchbares" Artwork in ausreichender Menge und Varietät?**
  Ist ein Style Guide vorhanden? Ist es möglich, das Artwork dem geplanten Produkt anzupassen?

- **Möglichkeit der Kooperation mit anderen Lizenznehmern und/oder Einbindung in den Medien der Lizenz**
  Z.B. Website, Magazin, TV-Werbung im Sendungsumfeld. Kümmert sich der Lizenzgeber um die Vernetzung der Lizenznehmer untereinander? Werden Aktionen initiiert, um das Lizenzthema voranzubringen und die Lizenzprodukte zu präsentieren? Gibt es einen Marketing- Pool der Lizenznehmer?

- **Ist eine Markteinführung zum geplanten Zeitpunkt möglich?**
  Hat der Lizenznehmer nach Vertragsabschluss ausreichend Zeit, seine Produkte bis zum geplanten Markteinführungszeitpunkt (z.B. Weihnachtsgeschäft, vor Kinostart, Serienstart, Sportevent) herzustellen und in den Handel zu bringen?

- **Welche Rechte sind bei der Lizenzkooperation verfügbar und sind diese exklusiv?** Gibt es Einschränkungen durch andere Lizenznehmer mit dem gleichen Lizenzthema, die ähnliche oder gleiche Produkte im Handel vertreiben? Gibt es Beschränkungen hinsichtlich der Vertriebskanäle? Bei Exklusivität: Wie lange kann ich das Lizenzthema für meine Produkte exklusiv nutzen, und reicht dieser Zeitraum für die Erreichung der gesteckten Ziele aus?
- **Wie ist die Beendigung des Lizenzvertrags geregelt?** Habe ich eine Abverkaufsfrist für meine restlichen an Lager befindlichen Produkte (unter Umständen dann nicht mehr exklusiv) oder darf ich nach Vertragsende keine Restbestände mehr verkaufen?
- **Akzeptable Garantiesumme/Lizenzgebühren und Zahlungskonditionen** Lassen sich die Zahlungen in der eigenen Kalkulation realistisch darstellen?
- **Unkomplizierter Lizenzgeber** Insbesondere hinsichtlich der Freigaben! Was schreibt der Lizenzvertrag vor, schränkt er die eigenen Abläufe ein?

Bei der Bewertung von Kinobesucherzahlen bei Filmen sei angemerkt, dass international mit unterschiedlichen „Maßen" gemessen wird: Während in Deutschland der Erfolg von Kinofilmen anhand der Besucherzahlen bestimmt wird, so wird international i.d.R. das Box Office-Ergebnis, das finanzielle Einspielergebnis eines Films in US-Dollar, als Vergleichsgröße herangezogen. Zu beachten ist dabei, dass die Einspielergebnisse auch zur jeweiligen Einwohnerzahl eines Landes in Relation zu setzen sind.

6.3.2 Auswahl TV-Lizenzthemen

Ergänzend zur vorstehenden Checkliste zur allgemeinen Bewertung von Lizenzthemen empfiehlt es sich, Fernsehthemen noch ein wenig genauer zu bewerten, um einen Fehleinkauf zu vermeiden.

CHECKLISTE: AUSWAHL VON TV-LIZENZTHEMEN:

- **Bekanntheitsgrad** Wie bekannt ist die Serie bis dato? Wie wird die Bekanntheit aufgebaut (wie häufig werden die Folgen ausgestrahlt, welche flankierenden Marketing- und PR-Maßnahmen sind geplant, um das Format zu etablieren oder dessen Beliebtheit zu halten und auszuweiten)?
- **(Technische) Reichweite** Wird das Format über Kabel und/oder Satellit ausgestrahlt, so dass es nahezu alle Haushalte in Deutschland empfangen können, oder läuft es bei einem Pay TV-Sender, dessen Reichweite eingeschränkt ist?

- **Sendeplatz**
  Die Uhrzeit der Ausstrahlung ist wichtig: Bei einem „schlechten Sendeplatz" eines Kinderprogramms sitzt die u.U. Zielgruppe nicht vor dem Fernseher, sondern ist in der Schule.

- **Anzahl der Folgen**
  Kinderserien haben z.B. meist zwischen 12 und 26 Folgen pro Staffel. Je mehr Folgen und Staffeln gesendet werden, desto schneller kann Bekanntheit aufgebaut und die Zielgruppe durch regelmäßige Penetration an das Lizenzthema gebunden werden.

- **Sendeplanung/Laufzeit der Serie**
  Wie oft werden Folgen der Serie (in der Woche) ausgestrahlt? Ist eine Wiederholung der Folgen nach der Ausstrahlung der Staffel geplant?

- **Einschaltquoten**
  Wenn die Sendung bereits on Air ist, sollten die Einschaltquoten aufgeschlüsselt nach Zuschauerzielgruppen analysiert werden (im Kinderbereich sind hier neben den Auswertungen zu den einzelnen Altersgruppen auch die der sogenannten „haushaltführenden Personen, i.d.R. die Mütter, aufschlussreich).

- **Werbe- und PR-Möglichkeiten über den Lizenzgeber**
  Können meine Lizenzprodukte im Umfeld der Sendung beworben werden? Wenn ja, zu welchen (Sonder-)Konditionen? Gibt es weitere Möglichkeiten der Einbindung der eigenen Lizenzprodukte in die Medien des Senders (Internet, Fan-Magazin, Events etc.)?

6.4 Chancen für den Lizenznehmer

6.4.1 Emotionalisierung

Der Einkauf eines Lizenzthemas kann aus einem eher langweiligen, da „neutralen" Produkt wie z.B. einem Toaster einen für den Endverbraucher viel attraktiveren Artikel machen. Ein Lizenzthema trägt dazu bei, Produkte innerhalb eines Sortiments ähnlicher Angebote hervorzuheben. Durch das Lizenzthema wird das Produkt einzigartiger und unterscheidet sich für den Konsumenten gut erkennbar von ähnlichen Produkten im Handel.

Der Konsument entwickelt eine emotionale Bindung zu einem Lizenzthema und entscheidet sich deswegen für ein Produkt im Design des ihm sympathischen Themas: Kleine Jungen finden ein T-Shirt mit einem *Hot Wheels*-Bild darauf viel spannender als ein neutrales T-Shirt und würden sich stets für dieses entscheiden. Und auch für manchen Erwachsenen ist die *Gucci*-Sonnenbrille attraktiver als eine andere, da es sich um ein Lizenz-Accessoire des Lieblingsdesigners handelt.

6.4.2 Diversifizierung durch Lizenzthemen

Mit dem Einsatz unterschiedlicher Lizenzthemen bei den Produkten eines Lizenznehmers kann eine Diversifizierung der Zielgruppenansprache erreicht werden. Da unterschiedliche Lizenzthemen unterschiedliche Zielgruppen ansprechen, kann darüber ein eigentlich vergleichbares Sortiment für verschiedene Zielgruppen interessant gemacht werden, die auch eine unterschiedliche Preissensibilität haben können.[181]

Die Bettwäsche für Erwachsene im *Harley-Davidson*-Design spricht eine andere (Nutzer-) Zielgruppe an als die im *Hello Kitty*-Look, auch wenn beide vom gleichen Hersteller bzw. Lizenznehmer stammen können und gegebenenfalls bei ähnlicher Qualität auch zu unterschiedlichen Endverbraucherpreisen angeboten werden.

6.4.3 Synergien

Bei Lizenzthemen mit zahlreichen Lizenznehmern sind gemeinsame Aktionen im Handel möglich. Oft werden solche Aktionen von den Lizenzgebern koordiniert. Diese verhandeln für eine solche Maßnahme eventuell auch Sondereinkaufspreise bei den teilnehmenden Lizenznehmern und initiieren zusätzlich vielleicht flankierende Maßnahmen. So wird erreicht, dass ein Handelspartner wie *Galeria Kaufhof* in Bereichen mit hoher Kundenfrequenz in seinen Filialen eine Verkaufsfläche für unterschiedliche *Prinzessin Lillifee*-Produkte zur Verfügung stellt und diese zusätzlich mit Werbemitteln empfiehlt. Ein Lizenznehmer allein hat es schwerer, eine so exponierte Verkaufsfläche samt Werbemittellistung zu erhalten.

Wenn es mehrere Lizenznehmer zu einem Thema am Markt gibt, beflügeln sich die Umsätze oft gegenseitig. Eine Anzeige des Master Toy-Lizenznehmers in der Spielzeugfachpresse kann bewirken, dass der Einzelhandel auch die Produkte anderer Lizenznehmer listet, so wie ein zufriedener Kunde eines Lizenzproduktes beim nächsten Einkauf vielleicht ein Lizenzprodukt zum gleichen Lizenzthema eines anderen Herstellers einkaufen wird. Durch viele Lizenzprodukte am Markt hat ein Lizenzthema auch vielfältigste Kontaktpunkte zum Konsumenten in verschiedenen Vertriebskanälen, so dass alle Lizenznehmer voneinander profitieren können.

6.4.4 Wiedererkennungswert

Wenn der Style Guide stringent auf alle Lizenzprodukte angewendet wird, haben alle Lizenzprodukte den gleichen „Look & Feel" – die *Findet Nemo*-Bettwäsche kommt im gleichen Design daher wie die *Nemo*-Spielwaren. Das verschafft einem Lizenzthema einen großen Wiedererkennungswert, was wiederum – wie oben schon erwähnt – zu Wiedereinkäufen des Lizenzthemas beim Konsumenten führt.

---

181 vgl. *Morschett* (2002), Seite 37 f.

Wichtig für den positiven Wiedererkennungswert eines Lizenzthemas beim Endverbraucher ist, dass die Produktqualität aller Lizenzprodukte ein ähnliches Niveau besitzt. Die Spielwaren müssen dem gleichen Qualitätsanspruch genügen wie die Kinderbekleidung oder die Cornflakes. Schwankende Qualitäten bei unterschiedlichen Produkten fallen dem Konsumenten auf, und er wird diese möglicherweise durch unterbleibende Wiederholungskäufe strafen, da er nicht den einzelnen Lizenznehmer hinter dem Produkt sieht, sondern allein die Lizenz.

6.4.5 Preisgestaltung

Durch die Verwendung eines Lizenzthemas wird ein Produkt vom „generischen" Sortiment vergleichbarer Produkte hervorgehoben. Es ist nun schwerer, dieses mit den übrigen Artikeln im Handel in Relation zu setzen. Dies erlaubt höhere Endverbraucherpreise als bei vergleichbaren, nicht lizenzierten Produkten. Dabei kann die Nutzung von Lizenzen auch dazu dienen, ein bereits im Markt befindliches Produkt zu aktualisieren, so dass es höher und breiter positioniert werden kann.[182]

Für Lizenznehmer ist es durchaus von Bedeutung, dass sie durch die Verwendung eines Lizenzthemas ihr Produkt teurer verkaufen können. Schließlich müssen sie pro verkauftem Lizenzprodukt eine Lizenzgebühr an den Lizenzgeber abführen. Wenn ein Lizenzprodukt einen Zusatznutzen erhält, wie z.B. bei einem *TOGGO*-Kinder-Handy, anhand dessen Eltern den Aufenthaltsort ihrer Kinder orten können, dann akzeptiert der Konsument u.U. eher einen höheren Preis im Vergleich zum „neutralen" Produkt. In Branchen mit starkem Preisdruck (z.B. Lebensmitteleinzelhandel) sind Lizenzprodukte im Vergleich oft nicht teurer, dennoch profitieren auch sie von der Emotionalität von Lizenzthemen als Kaufanreiz.

Wie bei allen Gütern geht es auch bei Lizenzprodukten am Ende um einen möglichst hohen Absatz. Die Verwendung eines Lizenzthemas gibt dem Lizenznehmer eine Alleinstellung im Handel. Denn oft erwirbt er ein Lizenzthema exklusiv für seine Produkte und Vertriebskanäle. Der Lizenznehmer muss in seinem Kerngeschäft keine Konkurrenten, die das gleiche Lizenzthema für die gleichen Lizenzprodukte verwenden, fürchten. Dies verschafft ihm eine Alleinstellung (USP) in der Wahrnehmung der Endverbraucher.

Die Handelsunternehmen als wichtige Teilnehmer im Lizenzgeschäft haben erkannt, welche Bedeutung Lizenzthemen für ihr Geschäft haben. Sie beobachten den Lizenzmarkt genau und wissen, welche Themen derzeit gefragt sind und welche nicht.

6.4.6 Marketing für das Lizenzprodukt

Durch den Erwerb eines Lizenzthemas entfällt für den Lizenznehmer der langwierige, mühevolle und kostenintensive Aufbau einer eigenen Marke, wenn er beginnt, ein Thema

---

182 vgl. *Lou* in: *Absatzwirtschaft* (2009), Lizenzmarken als gefeierte Stars, Seite 31

zu lizenzieren, da die Bekanntheit und das Image eines Lizenzthemas meist schon durch den Lizenzgeber aufgebaut wurde. Zumal die vielfach hohe Medienpräsenz von Lizenzthemen auch dazu führt, dass die Endverbraucher sich am Ende bei vergleichbaren Produkten aufgrund des immer stärker werdenden Medienkonsums für das Lizenzprodukt entscheiden, das ihnen vertrauter ist als eine andere Marke.

Bei einem guten Fit zwischen Lizenzthema und Produkten sind die Zielgruppen identisch (Imagetransfer), so dass das Lizenzthema den auslösenden Kaufanreiz für ein Produkt bildet. Der Lizenznehmer muss sich im Idealfall bei PR und Marketing „nur" darauf konzentrieren, seine Lizenzprodukte an sich bekannt zu machen, und kann sich dabei auf ein bereits bekanntes Thema und den Hype darum stützen. Hin und wieder ist die Übereinstimmung von Lizenzthema und -produkt sogar so gut, dass die Charakteristika des Lizenzthemas an sich schon die Beschaffenheit des Produktes beschreiben, so dass beide eine logische Einheit bilden. Ein Beispiel hierfür sind die *Adidas* Duschgels des Kosmetikherstellers *Coty*, die speziell auf die Bedürfnisse von Sportlern zugeschnitten sind.

Ein bekanntes Lizenzthema profitiert nicht nur von seiner Medienpräsenz, die der Lizenzgeber erzeugt, sondern auch von der Präsenz anderer Produkte zum Lizenzthema im Markt. Die Nutzung der Marketing- und PR-Aktivitäten des Lizenzgebers für die eigenen Lizenzprodukte funktioniert vor allem dann, wenn erstens das Lizenzthema schon eine gewisse Bekanntheit und Beliebtheit hat, zweitens andere Lizenznehmer schon im Markt sind und diese drittens stark genug voneinander abgegrenzte und qualitativ ähnliche Lizenzprodukte zum gleichen Thema im Sortiment haben, um nicht austauschbar zu sein.[183]

6.5 Risiken für den Lizenznehmer

6.5.1 Das Lizenzthema floppt oder erreicht die Konsumenten nicht (mehr)

Gerade bei neuen Lizenzthemen ist immer eine Portion Risiko im Lizenzdeal enthalten. Die Lizenzgeber und -agenturen wissen ihre Lizenzen in Szene zu setzen und prahlen nicht selten mit Superlativen, um sie an potenzielle Lizenznehmer zu verkaufen. Dennoch können Filme an den Kinokassen floppen, TV-Serien mangels Erreichen der geplanten Zuschauerzahlen vorzeitig abgesetzt werden oder von einer Marke abgeleitete Produkte werden nicht wie gehofft vom Endverbraucher angenommen. Vielleicht findet aber auch deutlich weniger Werbung und PR für das neue Thema statt als im Vorfeld vom Lizenzgeber angekündigt, so dass keine ausreichende Nachfrage erzeugt wird.

Außerdem bedeutet ein erfolgreiches Leitmedium noch lange nicht, dass sich die Lizenzprodukte dazu genauso erfolgreich verkaufen. Dieses Schicksal kann bereits lange erfolgreiche Klassiker-Lizenzthemen genauso treffen wie neue auf den Markt gebrachte Themen.

---

183 vgl. *Meyer* (2003), Seite 16 f.

Je besser der in diesem Buch schon viel bemühte Imagetransfer ist, desto größer ist die Chance auf Erfolg des Lizenzproduktes.

Auch können unvorhersehbare „Katastrophen" eintreten, die einem Lizenzthema so sehr schaden, dass es – egal, wie erfolgreich es zuvor war – plötzlich den „Todesstoß" erhält. Bekannte Beispiele kommen vielfach aus der Musik- und der Filmindustrie, da hier das Lizenzthema Menschen sind, die (leider) nicht so leicht planbar sind wie z.B. Filme, Marken oder Zeichentrickfiguren. *Michael Jacksons* Kindesmissbrauchsermittlungsverfahren Mitte der 90er Jahre hatte verheerende Folgen auf den Lizenzprodukte-Umsatz des *King of Pop*.[184] Im Gegensatz dazu schnellten die Lizenzerlöse nach dessen plötzlichem Tod in 2009 in die Höhe, so dass Lizenzgeber und Lizenznehmer sogar Probleme hatten, die große Nachfrage zu befriedigen. Bei animierten Filmproduktionen ist das Risiko von Negativpresse natürlich deutlich geringer, da hier keine „menschlichen Fehltritte" zu befürchten sind. Unschön ist es auch, wenn ein Künstler sich plötzlich von seinem Werk, das lizenziert wird, öffentlich distanziert. So geschehen bei dem Künstler und Autor *Janosch*, der 2010 in einem Artikel in der *Süddeutschen Zeitung* mitteilte, dass er nichts mehr mit seiner bekanntesten Figur *Tigerente* zu tun haben wolle.[185] Aber auch anderen Lizenzthemen-Arten wie z.B. Designermarken, Events oder Spielzeugmarken kann Unvorhergesehenes passieren, das das Ansehen eines Lizenzthemas negativ beeinflussen kann.

Es kann aber auch funktionieren! Wie beim Bekleidungslabel *Rocawear* des amerikanischen Hip Hop-Musikers und Musikproduzenten *Jay-Z*, das sich seit 1999 etablieren konnte und im Schnitt einen Jahresumsatz von 700 Mio. US-Dollar erwirtschaftet. Das Erfolgsgeheimnis dürfte darin liegen, dass die Produkte zwar mit dem Künstler *Jay-Z* verbunden sind, jedoch auch so gut genug sind, um sich eigenständig im Markt zu behaupten.[186] Die Marke *Rocawear* gehört übrigens seit 2007 der *Iconix Brand Group*.

Risikoreich ist es ebenfalls für den Lizenznehmer, wenn ein Lizenzgeber keine oder wenige Anstrengungen unternimmt, sein Lizenzthema frisch und für die Konsumenten attraktiv zu halten. Für ein dauerhaft erfolgreiches Lizenzthema sollte ein Lizenzgeber immer wieder neues Design zur Verfügung stellen und PR- und Marketing-Maßnahmen ergreifen, die es attraktiv halten.[187] Dies gilt auch für Themen, die schon lange im Markt sind. Da sich Endverbrauchergeschmack und -gewohnheiten im Zeitverlauf ändern, muss ein Lizenzthema angepasst werden. Dies tut beispielsweise auch der belgische Lizenzgeber der *Schlümpfe*, die seit den 70er Jahren zunächst als Kinofilm und später in einer TV-Serie weltweit über die Bildschirme flimmerten und zu denen es eine riesige Auswahl an Lizenzprodukten gibt. Seit Jahrzehnten kennen wir die *Schlümpfe* in 2D. 2011 erschien ein neuer *Schlümpfe*-Kinofilm in 3D-Animation, dem im Sommer 2013 ein weiterer folgen soll. Die neuen Lizenzprodukte orientieren sich an dem modernen Design der neuen *Schlümpfe* und entsprechen so dem heutigen Zeitgeist.

184 vgl. *Diederichs* in: *Böll* (2001), Seite 296
185 vgl. *www.sueddeutsche.de* (2010)
186 vgl. *Peck* (2010)
187 vgl. Kapitel 5.2.7 „Bekanntheit des Lizenzthemas aufbauen und pflegen"

6.5.2 Freigabeprozess

Es ist von Vorteil, dass sich alle Lizenznehmer an den durch den Lizenzgeber zur Verfügung gestellten Style Guide halten müssen. Dennoch besteht so bei allen Maßnahmen rund um das Lizenzprodukt auch eine große Abhängigkeit vom Lizenzgeber. Durch wiederholte Beanstandungen und deren Behebung bei der Entwicklung der Lizenzprodukten kann der Markteinführungszeitplan in Gefahr geraten, und es entstehen Mehrkosten für die Überarbeitung der Produkte.[188]

Der Einkauf eines Lizenzthemas bedeutet auch, dass Fremd- und eigenes Design in Einklang gebracht werden müssen. Dies kann kompliziert werden, wenn beispielsweise sehr unterschiedliche Farbwelten verwenden werden. Dann ist ein Kompromiss erforderlich, damit die Gestaltungselemente von Lizenzgeber und Lizenznehmer miteinander harmonieren.

Problematisch kann es auch werden, wenn der Lizenzgeber kaum und vor allem nur wenig zum Lizenzprodukt passendes Artwork vorrätig hat und auch kein weiteres beschaffen oder erstellen lassen kann. Darunter leidet das Erscheinungsbild des Lizenzproduktes, was wiederum auch starken Einfluss auf den Verkaufserfolg des Themas haben kann.

6.5.3 Kommunikation

Die PR- und Marketingmaßnahmen des Lizenzgebers sind maßgeblich für den Erfolg eines Lizenzthemas. Hier muss sich der Lizenznehmer auf den Lizenzgeber verlassen und hoffen, dass die eingeleiteten Maßnahmen von Erfolg gekrönt sein werden. Es ist durchaus möglich, dass ein Lizenzthema trotz größtmöglicher Anstrengungen des Lizenzgebers bei Marketing und PR nicht vom Konsumenten angenommen wird.

Wenn „Skandale" oder Probleme wie im Abschnitt „Das Lizenzthema floppt oder erreicht die Zielgruppe nicht mehr"[189] auftreten, ist es die Kunst der Kommunikationsverantwortlichen beim Lizenzgeber oder dessen Agentur, einen Imageschaden vom Lizenzthema abzuwenden, um die Folgen für den Lizenzartikelverkauf so gering wie möglich zu halten.

Natürlich spielen auch die Zielgruppen eines Produktes eine wichtige Rolle. Zu unterscheiden ist hier eventuell zwischen Käufer- und Nutzerzielgruppe. Dies ist besonders evident bei Produkten, die vorrangig verschenkt werden, wie z.B. bei Spielwaren. Hier ist es notwendig, die Kommunikation auf die unterschiedlichen Zielgruppen eines Produktes abzustimmen. Um bei der Spielwarenindustrie zu bleiben, sollte die Nachfrage bei der Kinderzielgruppe idealerweise durch ein attraktives Lizenzthema angekurbelt werden und die sonstigen Vorzüge des Produktes wie z.B. Qualität und Preis für die Käuferzielgruppe, die Eltern und Großeltern, hervorgehoben werden.

---

188 vgl. Kapitel 6.2.2 „Freigabeprozess (Approval)"
189 vgl. Kapitel 6.5.1 „Das Lizenzthema floppt oder erreicht die Zielgruppe nicht (mehr)"

6.5.4 Finanzielle Einbußen

Der Einkauf eines Lizenzthemas bedeutet zunächst Mehrkosten in der Kalkulation eines Produktes durch die zusätzlichen Kosten der Lizenzgebühren. Wo es möglich ist, wird der Lizenznehmer versuchen, die höheren Stückkosten an den Endverbraucher weiterzugeben: Der Endverbraucher wird wiederum erwarten, dass ein mit der Luxusautomarke *Porsche* gebrandeter Stift teurer ist als ein von der Ausstattung her vergleichbarer neutraler Stift.

Der Handel ist der Dreh- und Angelpunkt für den Erfolg oder Misserfolg eines Lizenzthemas. Ohne Listung bei den Handelspartnern können keine Produkte verkauft werden. Genauso wie Lizenzgeber und Lizenznehmer ist auch der Handel an hohen Umsätzen und Gewinnen interessiert. Durch seine Stellung als „Gatekeeper" zum Endverbraucher hat er eine große Marktmacht und kann daher Preise diktieren. Aus diesem Grund ist es nicht selten, dass gerade die großen Handelsketten Lizenzprodukte zum gleichen Preis einkaufen wie das „neutrale" Sortiment.

Es kommt natürlich auch zu finanziellen Einbußen, wenn das Lizenzthema oder auch nur ein spezifisches Lizenzprodukt einfach nicht wie geplant vom Endverbraucher angenommen wird und zum Ladenhüter wird. Wenn das Lizenzprodukt sich deutlich weniger verkauft als vorausgesagt, so bedeutet dies, dass die zu zahlende Garantiesumme für ein Lizenzprodukt durch den Warenverkauf nicht eingespielt wird und der Lizenznehmer neben seinen Herstellungskosten für die Startauflage auf diesen Kosten in seiner Produktkalkulation sitzen bleibt.

6.5.5 Vertrieb der Lizenzprodukte

Lizenznehmer sind stark von der Vermarktungsphilosophie des Lizenzgebers abhängig. Die Vorgabe der Vertriebskanäle ist eine der Stellschrauben vor allem für langfristig angelegte Lizenzthemen. Der Lizenzgeber legt im Lizenzvertrag die erlaubten Distributionskanäle und Territorien fest. Manche Lizenzverträge sehen bei Missachtung dieser Auflagen sogar eine Konventionalstrafe für den Lizenznehmer vor.

Entsprechend können die vertrieblichen Vorgaben des Lizenzgebers den Umsatz des Lizenznehmers mit Lizenzprodukten negativ beeinflussen, wenn er nicht alle seine gewünschten Vertriebspartner beliefern darf.

6.5.6 Auswertungszeitraum

Der Auswertungszeitraum eines Lizenzthemas legt meist dessen Ursprung fest. Ein klassisches Lizenzthema wie *Coca-Cola* oder *The Peanuts* kann auf lange Sicht ausgewertet werden. Themen aus TV und Kino, aber auch Music Acts und Events haben meist kurze, wenn nicht sogar sehr kurze Auswertungszeiträume. Denn auch eine TV-Serie gerät nach Ende der Ausstrahlung schnell in Vergessenheit. Je weniger Folgen einer Serie produziert und ausgestrahlt werden, desto unattraktiver ist sie für potenzielle Lizenznehmer, da die Konsumentennachfrage nach Lizenzprodukten entsprechend gering ist. Dennoch gibt es auch hier immer wieder Überraschungen. Als die Zeichentrickserie *The Simpsons* 1987 erstmals ausgestrahlt und schnell zu einem Kultthema wurde, konnte niemand ahnen, dass die Serie 2009 als die am längsten laufende Sitcom ausgezeichnet werden würde[190] und dass das Licensing zu dieser Serie mit 8 Milliarden US-Dollar Handelsumsatz[191] mittlerweile alle Fernsehproduktionen weltweit übertroffen hat.[192]

Hin und wieder verschafft auch der Launch der DVDs zum Film oder zur TV-Serie einem Thema noch einmal einen Hype, der auch die Lizenzprodukte beflügeln kann – insbesondere wenn DVDs und sonstige Lizenzprodukte am POS gemeinsam beworben und angeboten werden.

Ähnlich wie bei „Stand-Alone"-Kinofilmen haben auch große Ereignisse meist nur eine kurze Verwertungsdauer: Wen interessieren noch Lizenzprodukte zu einem Sportereignis wie einer *Fußball WM*, wenn der Weltmeister gekürt ist? Bei Künstlern genauso wie bei anderen Lizenzthemen kann es manchmal – wie zuvor ausgeführt – von jetzt auf gleich mit der Popularität vorbei sein, so dass langfristige Lizenzstrategien schwer zu planen sind.

Die voraussichtliche Auswertungsdauer bestimmt auch die Strategie der Auswertung eines Lizenzthemas an sich. Der Lizenzgeber eines Themas mit einer voraussichtlich kurzen Lebensdauer wird nahezu allen möglichen Lizenzprodukten für alle erdenklichen Vertriebskanäle zustimmen, um möglichst viel Geld in der ihm zur Verfügung stehenden kurzen Zeitspanne zu erwirtschaften. Dies wird auch die Strategie eines Lizenznehmers eines derartigen Themas sein. Sollte der Film allerdings aufgrund seines großen Erfolges eine Fortsetzung bekommen, könnte sich diese Strategie dann doch noch negativ auswirken, da der Film als Lizenzthema möglicherweise dann nicht mehr attraktiv für den Endverbraucher ist, da er mit Lizenzprodukten übersättigt wurde. Oder der Lizenzgeber ändert nun seine Strategie und reglementiert von nun an Menge, Art und Vertriebskanäle der Lizenzprodukte stärker.

---

190 vgl. *www.wikipdedia.de* (2009)
191 vgl. *Szalai* (2010)
192 vgl. *Conlan* (2010)

Weitere Partner und Helfer

7 Lizenzagenturen

Lizenzagenturen sind professionelle Vermittler zwischen Lizenzgebern und -nehmern. Sie beraten Lizenzgeber genauso wie Lizenznehmer bei der Wahl der richtigen Lizenzierungsstrategie für ihre jeweiligen Unternehmen und deren Produkte und Dienstleistungen, und sie erwerben Lizenzthemen von unterschiedlichen Rechteinhabern und vermarkten diese dann nach gemeinsamer Absprache.

Lizenzagenturen werden bei der Vermarktung von Lizenzthemen eingeschaltet, da sie über ein großes Netzwerk an bereits bestehenden Kontakten zu Anbietern von Waren und Dienstleistungen wie auch zum Handel verfügen, das sie für die Vermarktung einsetzen können, und da sie hierfür spezialisiertes Personal haben. Sie haben meist natürlich auch Erfahrung und Expertise beim Aufbau und der Pflege von Lizenzthemen und kennen die Konkurrenzthemen, von denen es sich abzugrenzen gilt. Die Agenturen beraten Lizenzgeber und -nehmer auch bei der Auswahl des optimalen Zeitpunkts der Markteinführung eines bestimmten Lizenzthemas insgesamt wie auch bei der Einführung einzelner Produkte. Sie betreiben Marktforschung, beraten den Lizenzgeber bei rechtlichen Fragen wie dem Schutz einer Lizenz, entwickeln entweder in Absprache mit dem Lizenzgeber einen Style Guide selbst oder sie unterstützen ihn bei dessen Erstellung, so dass dieser auf die gängigen Bedürfnisse von Lizenznehmern zugeschnitten ist. Sie begleiten meist die Lizenznehmer bei der mit dem Lizenzthema konformen Produktentwicklung, koordinieren den Freigabeprozess der Lizenzprodukte und Werbemittel hierfür und übernehmen oft auch die Abwicklung und Kontrolle der Lizenzabrechnungen. Zu den weiteren Aufgaben einer Lizenzagentur gehören u.a. Marketing und PR für das Lizenzthema, die Erstellung von Sales-Unterlagen und die Präsentation des Lizenzthemas bei potenziellen Lizenznehmern oder auf Messen.

7.1 Organisatorischer Aufbau einer Lizenzagentur

Eine Lizenzagentur sollte idealerweise eine Full-Service-Agentur sein, die sich um alle Belange der Auswertung eines Lizenzthemas kümmert, damit das Thema bestmögliche Umsätze erwirtschaftet, seiner Positionierung entsprechend im Handel vertreten ist und für den Endverbraucher dauerhaft attraktiv bleibt.

Normalerweise verfügen Lizenzagenturen über auf bestimmte Produktkategorien spezialisierte **Sales** bzw. **Category Manager**, die in ihren jeweiligen Branchen die Lizenzauswertung voranbringen und hier Lizenzverträge verhandeln. Die Aufteilung der Produktkategorien auf die zuständigen Sales Manager variiert von Lizenzagentur zu Lizenzagentur.

Des Weiteren verfügen Lizenzagenturen oft über **Product** oder **Brand Manager** , die Marketing, PR, Produkt-Design und ähnliches eines Themas betreuen und darauf achten, dass alle Maßnahmen der Vermarktung mit der mit dem Lizenzgeber verabschiedeten Vermarktungsstrategie des Lizenzthemas konform gehen. Auch sind sie für die Abstimmungsprozesse mit den Lizenzgebern zuständig. Das Product- bzw. Brand-Management kümmert sich auch darum, dass die Sales Manager mit den aktuellsten Präsentationsunterlagen versorgt sind, damit diese bestmöglich auf die Lizenznehmerakquise vorbereitet sind.

Abbildung 7.1 Exemplarischer Organisationsaufbau einer Lizenzagentur[193]

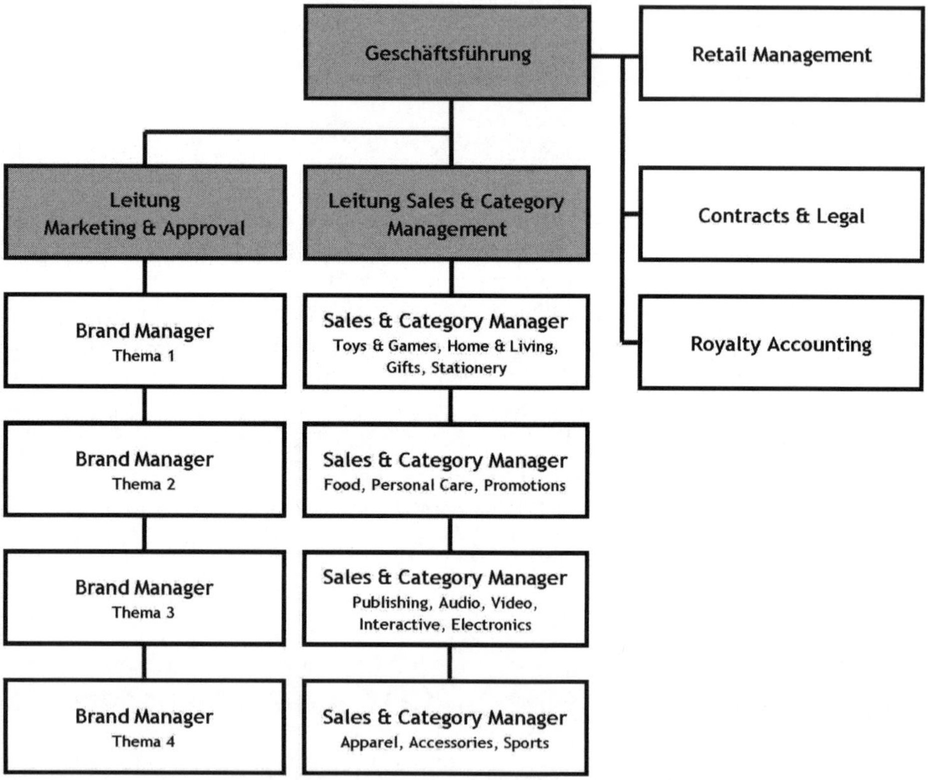

Manche Agenturen führen zusätzlich eine Design-Abteilung, die das Product-Management unterstützt, das für die Freigabe der grafischen Umsetzung von Lizenzprodukten zuständig ist. Diese Abteilung übernimmt auf Wunsch (eventuell kostenpflichtig) für den Lizenznehmer auch die Gestaltung der Lizenzprodukte. Bei anderen Agenturen liegt die Freigabe der Produkte beim Lizenzgeber nach Einsendung der Unterlagen an die Agentur. Beim Lizenzgeber selbst wird gegebenenfalls die dortige interne Design-Abteilung für die Freigabe hinzugezogen, bevor die Freigabe bzw. Korrekturwünsche über die Lizenzagentur an den Lizenznehmer übermittelt werden.

193 Quelle: *eigenes Modell*

Viele Lizenzagenturen arbeiten mit einer eigenen **Contracts- & Legal-Abteilung**, die sich u.a. in Zusammenarbeit mit den Sales Managern um die vertraglichen Details bei der Verhandlung der einzelnen Lizenzverträge kümmert. Die **Royalty Accounting-Abteilung** ist für die Abrechnung der Lizenzeinnahmen zuständig. Hierfür prüft sie nicht nur die eingegangenen Lizenzabrechnungen, sondern erstellt auch die Abrechnungen der Lizenzzahlungen an die jeweiligen Lizenzgeber und kümmert sich um eventuell ausbleibende Zahlungen säumiger Lizenznehmer.

Viele Lizenzagenturen beschäftigen zudem spezialisierte Mitarbeiter zur Pflege der Beziehungen zum Handel. Diese **Retail Manager** entwickeln gemeinsam mit den Handelspartnern individuelle Aktionen am POS. Da Handelsunternehmen selbst auch immer häufiger zu Lizenznehmern werden, sind für diese Lizenzverträge ebenfalls die Retail Manager die spezialisierten Ansprechpartner.[194]

Normalerweise sieht der Agenturvertrag vor, dass die Lizenzagentur dem Lizenzgeber vor Vertragsabschluss ein **Deal Memo**[195] vorlegt, in dem die wichtigsten Eckdaten zum Lizenznehmer selbst wie auch zum geplanten Lizenzvertrag, wie z.B. Art des Produktes, Vertriebskanäle, Territorium, Vertragslaufzeit, Garantiesumme, Lizenzgebühren und geplantes Datum der Markteinführung, aufgeführt sind. Üblicherweise muss der Lizenzgeber dieses Deal Memo freigeben, bevor der Lizenzvertrag aufgesetzt werden kann. So behält er die Kontrolle über die Lizenzaktivitäten zu seinem Thema.

7.2 Hauseigene Lizenzagenturen

Gerade die großen Medienunternehmen haben erkannt, das Licensing bei einer 360°-Vermarktungsstrategie ihrer Fernsehformate eine Rolle spielen sollte. Das Filmgeschäft ist ein teures Pflaster, so dass Licensing – wie bereits ausgeführt – große Bedeutung für die Refinanzierung der Investments einer Filmproduktion beigemessen wird. In den Medienunternehmen werden auch Konzepte für die Vernetzung von Werbeformen und Licensing entwickelt.

Dies gilt auch gilt für die großen Filmstudios: *Warner Bros* oder *Disney* betreiben ihre eigenen Agenturen für die Lizenzierung ihrer Themen. Und auch deutsche Filmproduktionen besitzen eigene Abteilungen bzw. Firmen, die sich um das Licensing ihrer Stoffe kümmern. Auch gibt es übrigens den Fall, dass Lizenzagenturen in die Produktion von Lizenzthemen (z.B. Fernsehserien) finanziell und auch als Rechteinhaber involviert sind.

In Deutschland betreiben nahezu alle großen TV-Sender als Abteilungen oder als Firmen ausgegliederte Lizenzagenturen. Diese kümmern sich zusätzlich oft auch um die Vermarktung der Werbeformen der Sender, wie z.B. im Fernsehen, im Web und in den Print-Medien. Entsprechend sind sie auch in der Lage, kombinierte Angebote aus Lizenz-

---

194 vgl. Kapitel 8 „Handel"
195 vgl. Kapitel 4.3 „Lizenzvertrag"

vereinbarungen und rabattierten Werbeeinbuchungen für die Lizenzprodukte anzubieten. Oft übernehmen die hauseigenen Agenturen auch den Vertrieb von Senderechten an eigenen Fernsehformaten ins Ausland (**Abbildung 7.2**).

Abbildung 7.2 Die Profitcenter in einem Medienunternehmen[196]

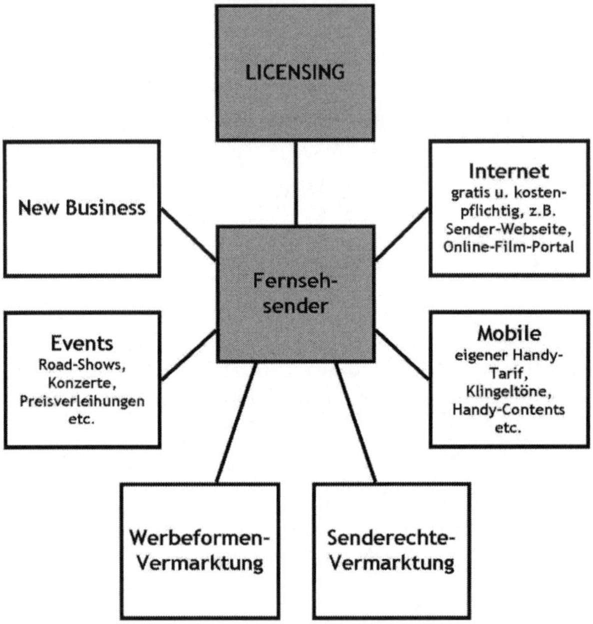

Bei den Privatsendern wie z.B. *Viacom International Media Networks* (u.a. TV-Sender *MTV, VIVA* und *Nickelodeon*) setzt man auf die Tochter *Be Viacom* als hauseigenen Vermarkter und Entwickler von Kooperationen mit externen Partnern inklusive Licensing. Die *ProSiebenSat.1 Group* hingegen arbeitet mit mehreren spezialisierten Töchtern wie z.B. *SevenEntertainment* als Lizenzagentur, *Star Watch* als eigenes Musik-Label, *SevenOne Media* als Werbezeitenvermarkter und *SevenOne AdFactory* als Spezialist für die Umsetzung von integrierten Werbekampagnen rund um z.B. TV, Online, Mobile, Testimonials, Events und Lizenzen.

Die öffentlich-rechtlichen Sender betreiben Tochterunternehmen, die sich um Vermarktungsfragen und Licensing kümmern. Sie lizenzieren vorwiegend ihre eigenen Sendeformate mit Schwerpunkt auf der Video-, Audio- und Print-Auswertung. Der *NDR* hat für solche Aufgaben z.B. die sendereigene Firmengruppe *Studio Hamburg* oder der *WDR* die Tochter *WDR mediagroup*. Das *ZDF* verfügt mit *ZDF Enterprises* ebenfalls über eine eigene kommerziell arbeitende Lizenzagentur.

196 Quelle: *eigenes Modell*

7.3 Die passende Lizenzagentur finden

Ähnlich wie bei der Suche nach einem geeigneten Lizenzthema, das ein Lizenznehmer einkaufen möchte, empfiehlt es sich auch bei der Recherche nach einer passenden Lizenzagentur, die nationalen und internationalen Licensing-Messen wie auch Fachmessen zu besuchen. Auch die Konsultation von digitaler und gedruckter Fachpresse ist ratsam. Des Weiteren kann eventuell auch der Lizenz-Verband *LIMA* mit Kontakten helfen.[197]

Häufig sind Lizenzagenturen auf bestimmte Arten von Lizenzthemen spezialisiert. Manche vermarkten ausschließlich Entertainment-Themen, andere nur Marken oder Personen. Die Agenturen haben auch unterschiedliche Ausrichtungen bezüglich ihrer Vermarktungsstrategien: Einige stehen eher für den langfristigen Aufbau und die Pflege von Lizenzthemen, während andere mehr kurzfristige Themen wie z.B. Kinofilme in ihrem Portfolio haben. Auch gibt es Agenturen, die (fast) ausschließlich Themen eines Lizenzgebers betreuen, wie z.B. die hauseigenen Agenturen der großen US-Filmstudios.

Die individuellen Erfolgsgeschichten der Lizenzagenturen, die anderen Lizenzthemen in ihrem Portfolio, die u.a. ja auch zum eigenen Thema konkurrierende Themen sein können, ihr Ruf bei Handelspartnern, namhaften Lizenznehmern aber auch anderen Lizenzgebern oder die Art der Presse- und Marketingarbeit für die ihr anvertrauten Lizenzthemen können Hinweise geben, ob eine Lizenzagentur zum eigenen Thema passt. Gerade die Presse- und Marketingarbeit macht eventuell den Unterschied, da in Zeiten zunehmender Lizenzthemen Lizenzagenturen nicht nur Themen verkaufen, sondern auch die Lizenznehmer aktiv mit Aktionen und Kooperationen dabei unterstützen sollten, ihre Lizenzprodukte im Handel optimal zu platzieren.

7.4 Agenturprovision

Die **Agenturprovision** bei Entertainment-Themen hierzulande liegt je nach Vertrag im Schnitt bei ca. 30 Prozent der Lizenzerlöse (Garantiesummen und Lizenzgebühren). Wenn Lizenzgeber ihren Lizenzagenturen zusätzliche Aufgaben für die Vermarktung übertragen, wie z.B. die Erarbeitung einer Vermarktungsstrategie für die Lizenz, die Erstellung eines Style Guide oder die grafische Entwicklung von Lizenzprodukten, sind 35 bis 40 Prozent Agenturprovision für die Lizenzagenturen die Regel. Es ist möglich, dass eine Lizenzagentur „ihrem" Lizenzgeber diese ergänzenden Leistungen zusätzlich in Rechnung stellt. Diese Kosten sind dann i.d.R. jedoch nicht mit den Lizenzerlösen verrechenbar.

Bei kleineren und noch unbekannten Themen ist der Aufwand für den Aufbau eines Lizenzthemas größer, so dass Lizenzgeber hier hin und wieder auch bereit sind, die Lizenzerlöse hälftig mit ihren Agenturen zu teilen. Beim Brand Licensing erhalten die Lizenzagenturen häufig neben ihrer erlösabhängigen Agenturprovision, die meist zwischen

---

[197] vgl. Kapitel 6.3.1 „Generelle Auswahl von Lizenzthemen"

35 und 40 Prozent liegt, eine Honorarpauschale. Dies ist üblich, weil die Vermarktung von Marken gewöhnlich deutlich mehr Aufwand bedeutet als bei Entertainment-Themen.

Häufig zahlen Lizenzagenturen an ihre Lizenzgeber – ähnlich wie es auch die Lizenznehmer an die Lizenzgeber oder die Agentur tun – einen Vorschuss auf die zu erwartenden Lizenzeinnahmen. Diese Vorschüsse können sich auf eine komplette Laufzeit eines Vermarktungsmandates beziehen oder auch jährlich sein. Des Weiteren lassen sie sich meist mit den Provisionen der Agentur auf die tatsächlich erwirtschafteten Lizenzeinnahmen verrechnen.

7.5 Agenturvertrag

Die Arbeitsgrundlage für die Zusammenarbeit zwischen einem Lizenzgeber und einer Lizenzagentur ist der **Agenturvertrag**, der meist über zwei bis drei Jahre abgeschlossen wird und häufig eine Verlängerungsoption vorsieht, wenn bestimmte gesetzte Ziele der Kooperation während der Vertragslaufzeit erreicht worden sind.

Neben der Frage, wer am Ende die Lizenzverträge unterzeichnet – ob Lizenzgeber oder Lizenzagentur – sollten unter anderem im Agenturvertrag außer dem Vertriebsgebiet, dem Vertragszeitraum und der genauen Rechteübertragung an die Agentur natürlich deren Agenturprovision und gegebenenfalls zusätzliche Honorare für z.B. die Erstellung eines Style Guides festgelegt werden. Des Weiteren regelt der Agenturvertrag einen ggf. verhandelten Vorschuss der Agentur an den Lizenzgeber, deren Pflichten wie z.B. regelmäßige Reportings über den Erfolg ihrer Bemühungen, die Abrechnungsintervalle der Lizenzabrechnungen an den Lizenzgeber und die Handhabung der Freigaben.

Ein wichtiger Punkt in den Agenturverträgen ist, dass der Lizenzgeber weiterhin alleiniger Eigentümer des Lizenzthemas bleibt. Infolgedessen wird im Vertrag festgelegt, ob die Lizenzagentur die exklusive Vollmacht zur Akquise von Lizenznehmern hat. Alternativ wird ein Vermarktungsauftrag nur für bestimmte Kategorien, Produkte oder geographische Territorien erteilt. Auch sollten die Zuständigkeiten und Kostenübernahmen bei Anmeldung des Lizenzthemas als Marke (falls noch nicht geschehen) und bei möglichen Verletzungen dieses Schutzes durch unbefugte Dritte geregelt werden.[198] Abschließend sollte der Vertrag auch die Zeit nach Beendigung der Zusammenarbeit regeln. Hier geht es insbesondere um Lizenzeinnahmen, die auf das Engagement der Agentur zurückzuführen sind, aber nach Beendigung des Agenturvertrags zwischen Lizenzgeber und Agentur fällig werden.

---

198 vgl. Kapitel 4.1.4 „Rechtliche Absicherung von Lizenzthemen“

8 Handel

Ohne den Handel finden (Lizenz-)Produkte natürlich nicht den Weg zum Konsumenten. Die sogenannte **Distributions-** oder **Absatzpolitik** legt alle Entscheidungen für den Weg des Lizenzproduktes zum Endverbraucher fest.[199] Die Absatzpolitik hat aufgrund der strategischen Positionierung eines Lizenzthemas eine zentrale Bedeutung für den Lizenzgeber, da sich aus ihr die Absatzentscheidungen für ein Lizenzthema ableiten. Dabei geht es nicht nur um die Unterscheidung zwischen Großhandel und Einzelhandel. Heute ist auch der Direktvertrieb und hier besonders der Internethandel bei der Distribution von Produkten allgemein von großer Bedeutung – auch weil durch das Internet der Vergleich von Angeboten und Preisen für den Konsumenten auch im internationalen Kontext stark vereinfacht wird.

Im Rahmen der Absatzpolitik spielen die **Absatzkanäle** eine wichtige Rolle. Sie definieren, wie genau Lizenzprodukte vom Lizenznehmer bzw. Hersteller zum Endverbraucher gelangen. Die Absatzkanäle beziehen unter Umständen auch eigenständige Absatzmittler wie Groß- und Einzelhandelsunternehmen ein, können sich aber auch ohne Zwischenstufen direkt an den Konsumenten richten (Direktvertrieb).[200]

Die Handelslandschaft ist sehr facettenreich, weil es eine Vielzahl an unterschiedlichen Betriebs- und Organisationsformen sowie Branchen mit ihren jeweiligen Spezifika gibt, die sich übrigens auch international sehr unterscheiden können. Für Lizenzgeber und -nehmer sind insbesondere Handelspartner interessant, die ihnen große Absatzmengen versprechen, da diese wiederum viel Umsatz für sie bedeuten. Handelsunternehmen mit einem großen Filialnetz können durch mehr Standorte und meist auch mehr Verkaufsfläche nicht nur mehr Waren vertreiben als kleine Händler. Sie setzen zusätzlich i.d.R. auch mehr Werbung und PR ein, um ihr Sortiment anzupreisen. Des Weiteren ermöglicht die Zusammenarbeit mit Handelsfilialisten auch eine bundesweite oder zumindest regionale flächendeckende Verbreitung der Lizenzprodukte. Dies ist für die Marktdurchdringung und auch den Aufbau der Bekanntheit eines Lizenzthemas aus Lizenzgebersicht sehr attraktiv.

Die großen Handelsunternehmen gewähren ihren Filialen oft Freiraum für eigene Aktionen, um den individuellen Gegebenheiten vor Ort bestmöglich begegnen zu können, wie z.B. die Veranstaltung einer Signierstunde im Ladengeschäft mit einem bekannten Musiker, der am gleichen Abend ein Konzert in der Stadt geben wird, plus Verkauf seiner CDs an einem Sondertisch. Große Aktionen geben die Firmenzentrale meist vor, bei anderen können die Filialen über ihre Teilnahme selbst bestimmen.

---

199 vgl. *Schneck* (2007), Seite 232

200 vgl. *Meffert/Burmann/Kirchgeorg* (2008), Seite 562

8.1 Marketingmaßnahmen des Handels

Besonders die Filialisten unter den Handelsunternehmen führen häufig nicht nur Marken und Lizenzprodukte, sie sind selbst als Marken anerkannt. Auch ihr Ziel ist es, sich von der Konkurrenz abzuheben. Für Handelsunternehmen gilt genauso wie für jede andere Firma, dass die Strategie auf die Ansprüche des Marktes ausgerichtet wird, um innovations- und anpassungsfähig zu sein. Daher müssen auch die Händler ihren Marktauftritt planen, implementieren und weiterentwickeln. Nur so werden sie vom Endverbraucher als unverwechselbar wahrgenommen, wodurch Bekanntheit und Image entstehen, die wiederum die Kundenbindung verbessern können,[201] die fast immer zu Umsatzzuwächsen führt.

Eine Abgrenzung vom Wettbewerb ist kaum noch über das Sortiment allein zu erreichen, da dieses sich in den Filialen unterschiedlicher Handelsunternehmen gleicht. Anfang 2012 hat die Insolvenz der Drogeriekette *Schlecker* dies bestätigt. Eine moderne Strategie für ein Handelsunternehmen positioniert dieses so, dass es genauso zu einer Marke wird.[202] Der Kern des Handelsmarketings sollte sämtliche Leistungen im Auftritt des Händlers einbeziehen.[203] Dennoch sollte Raum für flexibles Eingehen auf (ggf. regionale) Endverbraucherbedürfnisse bleiben, ohne aber die übergreifende Marketingstrategie außer Acht zu lassen.

Die Ziele von Handelsunternehmen sind klar: mehr Umsatz, mehr Kunden bzw. der Zugewinn neuer Kundengruppen. Hinzu kommen nicht monetäre Ziele wie die Manifestierung eines bestimmten Images oder der Ausbau der Bekanntheit. Gerade wenn es um die Endverbraucher geht, kann sich ein Händler nicht mehr nur allein auf die von den Kunden selbst getroffene Auswahl aus seinem Sortiment verlassen. Er muss stattdessen weitere Marketingmaßnahmen ergreifen, die die Konsumenten ansprechen, sie an ihn binden und zu mehr Umsatz animieren. Solche Maßnahmen können z.B. eine Mitarbeiteruniform, eine bestimmte Geschäftsausstattung und Anordnung der Waren, ein bestimmtes Sortiment, ein bestimmtes Preisgefüge, besondere Services und Dienstleistungen, gezielte und mit starkem Wiedererkennungswert versehene Werbe- und PR-Maßnahmen, aber auch der aktive Einsatz von Lizenzprodukten, die möglicherweise sogar selbst lizenziert werden, sein.

8.2 Markenmanagement im Handel

Ein Sortiment ohne Marken und ohne Lizenzprodukte ist im Einzelhandel nicht mehr vorstellbar. Durch die bewusste Produkt- und Markenauswahl betreiben die Handelsunternehmen Markenmanagement, das durch begleitende, verkaufsfördernde Maßnahmen fortgesetzt wird.[204] Einzelne Angebote des Sortiments dienen als „Köder" und werden zielgerichtet in der Werbung und in der Auslage im Geschäft in Szene gesetzt. Die Händler sehen

201 vgl. *Ahlert/Kollenbach/Korte* (1996), Seite 21
202 vgl. *Esch/Wicke/Rempel* in: *Esch* (2005), Seite 33
203 vgl. *Belz* in: *Ahlert/Kollenbach/Korte* (1996), Seite 22
204 vgl. *Ahlert/Kenning/Schneider* (2000), Seite 28

sich jedoch mit dem Problem konfrontiert, dass sie meist eine ganze Reihe an Marken unter einen Hut bringen und zudem den Balanceakt schaffen müssen, sich selbst so zu positionieren, dass die Endverbraucher bei ihnen und nicht der Konkurrenz einkaufen.

Händler treten zudem selbst als Hersteller auf und bringen unter sogenannten **Handelsmarken** (auch: **Private Labels**, **Eigenmarken** oder **Retail Brands**) eigene Produkte heraus. Diese werden ausschließlich in den eigenen Geschäften eines Handelsfilialisten verkauft. Handelsmarken sind rechtliches Eigentum des jeweiligen Handelsunternehmens[205], verfügen i.d.R. über eine gute Produktqualität und entsprechen bei der Artikelauswahl der gängigen Kundennachfrage –das allerdings oft zu einem geringeren Preis als vergleichbare Markenprodukte. Handelsmarken tragen dazu bei, dass die Konsumenten stärker an einen Händler gebunden werden. Im Idealfall wird die Handelsmarke in den Augen der Endverbraucher selbst zu einer vertrauenswürdigen Marke und wird ergo anderen Marken vorgezogen. Für den Händler spielen Gründe wie eine bessere Möglichkeit der Einflussnahme in die Kalkulation der eigenen Handelsmarken gegenüber dem Einkauf von Herstellermarken, die Differenzierung vom Wettbewerb und die Profilierung beim Konsumenten über eigene Marken und deren Preisimage eine wichtige Rolle bei der Entscheidung für eine Eigenmarke. Beispiele für solche Handelsmarken sind *A&P* bei *Tengelmann, Balea* bei *dm* oder auch *McNeal* beim Bekleidungsfilialisten *Peek & Cloppenburg*.

Einerseits treten Händler unter den Namen ihrer eigenen **Unternehmens-** bzw. **Betriebstypenmarke** oder unter einer sogenannten **Netzmarke** auf, die sie gemeinsam mit anderen Unternehmen in einem Verbund führen. In ihrem Umfeld tummeln sich andererseits zusätzlich Herstellermarken, die bei ihnen verkauft werden, Marken von **Shop-in-Shop-Systemen** in ihren Filialen sowie gegebenenfalls noch **Dienstleistungsmarken**, wie z.B. ein Aufbauservice für Elektrogeräte mit eigenem Markenauftritt. All diese Marken müssen bei vielen Handelsunternehmen unter einen Hut gebracht werden und beeinflussen ihre jeweilige Außenwirkung.

Die Händler gehen dazu über, ihre Eigenmarken– ähnlich wie die Markenhersteller – zusätzlich mit Hilfe von Lizenzthemen zu emotionalisieren. Des Weiteren erwerben sie auch Lizenzthemen, um eigens hierfür Produkte für den Vertrieb in ihren Outlets zu kreieren. Dies wird als **Direct-to-Retail-Licensing** bezeichnet.

Genau wie jedes andere Unternehmen sollte auch ein Handelsunternehmen seine eigene Situation im Konkurrenzumfeld analysieren und darauf basierend Unternehmensziele definieren, aus denen dann die Marketingstrategie abgeleitet werden kann. Diese bestimmt schließlich die zu ergreifenden Maßnahmen, um die gesetzten Ziele zu erreichen. Das Marketingkonzept ist auch für Händler ein dynamisches Gebilde, das im Zeitverlauf zu modifizieren ist.[206]

---

205 vgl. *Ahlert/Kenning/Schneider* (2000), Seite 3
206 vgl. *Ahlert/Kollenbach/Korte* (1996), Seite 22 f.

8.3 Aktive Nutzung von Licensing durch Handelsunternehmen

Es gehört zu den Kernaufgaben eines Lizenznehmers, mit dem Handel in Kontakt zu treten, um seine (Lizenz-)Produkte an diesen zu verkaufen. Wenn es jedoch um die große Inszenierung eines Themas geht, arbeiten Lizenzgeber und -nehmer häufig Hand in Hand zusammen. So unterstützen Lizenzgeber einzelne Lizenznehmer bei der Präsentation von Produkten zu einem Lizenzthema bei den Einkäufern der Handelspartner. Oft bieten die Lizenzgeber u.a. auch ergänzend zu den Einkaufskonditionen, die der Lizenznehmer zu offerieren hat, Medialeistungen wie z.B. TV-Werbespots und Gewinnspiele auf der Website des Lizenzthemas zu Sonderkonditionen an. Um große Aktionen am POS unter Einbeziehung unterschiedlicher Lizenznehmer zu erreichen und/oder eine Direct-to-Retail-Lizenz zu verkaufen sowie den Launch eines neuen Lizenzthemas durch positive Einflussnahme beim Handel zu unterstützen, kontaktieren Lizenzgeber die Handelspartner auch direkt.

Die Unterstützung eines großen Handelspartners kann entscheidend sein, um weitere Lizenznehmer zu gewinnen. Handelspartner haben in einigen Fällen sogar Mitspracherecht bei der Entscheidung, welcher Lizenznehmer bei der Vergabe eines Lizenzvertrags bevorzugt werden soll. Umgekehrt sind Lizenzprodukte für den Handel ebenso wichtig, machen sie doch nicht nur im Spielwarensektor einen bedeutsamen Teil des Umsatzes aus. Daher beobachten die Handelsunternehmen die Entwicklungen am Lizenzmarkt sehr genau, stehen i.d.R. auch im eigenen Interesse in engem Kontakt mit den wichtigen Lizenzgebern und -nehmern und besuchen Messen und Veranstaltungen, bei denen es um Lizenzen geht.

Es ist also existenziell für Lizenzgeber und –nehmer, gute Beziehungen zum Handel zu pflegen, denn dieser kennt seine attraktive Position: Er verfügt über den direkten Kontakt zum Endverbraucher! Daher entscheiden Preis und Nachfrage, die Emotionalität eines Produktes und die Marketingmöglichkeiten, die sich aus dem Produkt selbst wie auch in der Zusammenarbeit mit dem Lizenznehmer ergeben, über dessen Listung beim Handelspartner. Wird er es listen und, wenn ja, wie viel Regalfläche wird das Thema bzw. das einzelne Lizenzprodukt erhalten und wie lange plant er damit? Bei Ablehnung eines Lizenzthemas ist dessen Ende vorbestimmt. Diese einflussreiche Rolle des Handels ermöglicht es ihm auch, Einkaufspreise zu diktieren und so auch Einfluss auf den Endverbraucherpreis zu nehmen. Dies wiederum hat direkten Einfluss auf die Positionierung, die ein Lizenzgeber für ein Lizenzthema vorsieht. Verstärkt wird die Macht des Handels hierzulande durch die anhaltende Konzentration der Branche. Die kleiner werdende Anzahl an Handelsunternehmen gibt den verbleibenden Unternehmen eine noch wachsende Machtposition, die sie zu nutzen wissen.

Die Abgrenzung von der Konkurrenz gelingt dem Handel mit Lizenzprodukten und Handelsmarken nur, wenn die sogenannte **Quality Execution**, das ordnungsgemäße und homogene Präsentieren der Waren am POS, und die **Retail Excellence**, die wettbewerbs- und kundenorientierte Positionierung des Artikels beim Händler, stimmig sind und ständig optimiert werden.[207] Das Emotionalisieren des Konsumenten ist durch Lizenzen und Handelsmarken in diesem Zusammenhang auch für die Händler ein wichtiges Thema, weil damit am POS das Kaufverhalten der Konsumenten beeinflusst werden kann. Lizenzen haben den Vorteil, dass sie Impulskäufe durch ihre besonders hohe Emotionalität fördern. Über die „richtige" Auswahl von Lizenzthemen in seinem Warensortiment kann eine eindeutige Abgrenzung des einzelnen Handelsunternehmens von der Konkurrenz erfolgen.[208] Die Markierung von Produkten am POS mit Lizenzthemen, Marken oder Eigenmarken eines Handelsunternehmens dient dem Endverbraucher als Orientierungshilfe bei funktional und/oder preislich gleichwertigen Produkten. Lizenzthemen bedeuten für den Händler, dass Trends, Action und Lifestyle in sein Sortiment gelangen und dieses so attraktiver für den Konsumenten wird.[209] Dies kann vom Konsumenten auch als Qualitätsmerkmal interpretiert werden.

Mit Lizenzthemen emotionalisiert der Handel gezielt: Mit ihnen werden Themenwelten inszeniert, bei denen unterschiedliche Produkte verschiedener Hersteller zu einem Lizenzthema gemeinsam präsentiert werden. Zusätzlich finden z.B. Aktionen mit Walking Acts, Autogrammstunden, Basteltischen und/oder Gewinnspielen statt, um damit eine emotionale, kaufanregende Umgebung zu schaffen. Beim Direktvertrieb werden zu diesem Zweck u.a. Themenseiten im Katalog oder eigene Themenshops im Internet-Shop, z.B. unter Einbindung eines Gewinnspiels oder der Möglichkeit, Kinofreikarten zu erhalten, rund um Lizenzthemen angeboten. Diese Maßnahmen funktionieren im Spielwarenhandel genauso wie in anderen Handelssegmenten. Ziel der Händler ist es dabei, dass der Konsument gebunden wird und lernt, dass „sein" Einkaufsort nicht nur Waren entsprechend seiner Bedürfnisse führt, sondern dass der Einkauf dort auch Spaß macht. Kein Wunder, dass Kinderlizenzthemen eine zentrale Rolle im Handel spielen. Kinder werden oft zum Einkauf mitgenommen und beeinflussen durch gezieltes Quengeln (**Pester Power**) den Einkaufsort genauso wie die Wahl der zu kaufenden Produkte.

Aufgrund dieser und anderer Einflüsse auf den Markt sind Lizenzthemen auch für den Handel zu einem wichtigen Unterscheidungsmerkmal von Produkten geworden. Dies gilt für den allgemeinen Einkauf von Waren und Lizenzprodukten für das Sortiment genauso wie für den Einkauf von Lizenzthemen für Kooperationen mit den eigenen Handelsmarken, um diese für den Endverbraucher aufzuwerten. Ein attraktives Lizenzthema auf einem „guten" Produkt bedeutet für den Handel die Aussicht auf mehr Umsatz. Auch deswegen arbeiten die großen Handelsunternehmen mit auf Lizenzen spezialisierten Mitarbeitern, die den Wareneinkauf maßgeblich bestimmen. Interessanterweise werden Lizenzprodukte bei den Handelsbetrieben aber vielfach nicht von einer zentralen Lizenzabteilung eingekauft. Stattdessen sind für den Einkauf auf bestimmte Sortimente spezialisierte Mitarbeiter zuständig. Da oft auch die Waren aus unterschiedlichen Sortimenten an unterschiedlichen Standorten im Geschäft präsentiert werden, kann es deswegen vorkommen, dass es für ein Lizenzthema unterschiedliche Präsentationsflächen im Ladengeschäft gibt. Auch aus die-

207 vgl. *Körber* in: *Ahlert/Olbrich/Schröder* (2004), Seite 29
208 vgl. *Swoboda/Berg/Pop/Dabija* in: *Schröder/Olbricht/Kenning/Evanschitzky* (2009), Seite 471
209 vgl. *Lindl* in: *Böll* (2001), Seite 235

sem Grund sind viele Lizenzgeber und -agenturen dazu übergegangen, persönliche Beziehungen zu den Handelspartnern aufzubauen, um für einen Promotionszeitraum zusammenhängende Präsentationsflächen für ein Lizenzthema bei den Handelspartnern zu erreichen.

Auch der Handel sieht sich genauso wie die Lizenznehmer mit einer Vielzahl an Lizenzthemen konfrontiert. Er muss jedoch nicht nur zwischen Lizenzen auswählen, sondern auch zwischen Unmengen an Produkten zu diesen Themen. Er ist das Nadelöhr zum Endverbraucher, welches eine Listung ermöglichen, aber auch verhindern kann. Aufgrund dieser „Gatekeeper-Funktion" ist der Dialog mit den Handelspartnern für Lizenznehmer obligatorisch. Viele Lizenznehmer besprechen die zur Auswahl stehenden Lizenzthemen, mögliche Lizenzprodukte und deren Funktionen schon frühzeitig mit ihren wichtigsten Handelspartnern. Sie wollen so verhindern, dass sie Themen einkaufen und Produkte entwickeln, die vom Handel nicht unterstützt werden. Bereits profilierte Lizenzthemen haben es dabei einfacher. Sie sind dem Handel bekannt und haben in der Vergangenheit bereits bewiesen, dass sie Umsätze erwirtschaften können. Neue Lizenzthemen haben ein schwereres Los, da sie ihr Potenzial erst noch demonstrieren müssen.

8.4 Diversifizierung im Handel

Häufig sind die Unterschiede zwischen dem Warenangebot konkurrierender Handelsunternehmen nicht groß. Auch deswegen sind Handelsbetriebe bestrebt, sich möglichst eindeutig von ihren Mitbewerbern zu unterscheiden und eine klare, glaubhafte und dauerhafte Positionierung beim Konsumenten zu erzeugen.

Neben der Strategie der **Kostenführerschaft**, die es über Standardisierung der Abläufe im Unternehmen ermöglicht, dem Endverbraucher Waren aufgrund geringerer Kosten bei Herstellung und Lagerung günstiger als die Konkurrenz anzubieten, kann der Handel die Strategie der **Diversifizierung** verfolgen. Hier ergreift er Maßnahmen, die ihn von seinen Konkurrenten möglichst deutlich unterscheidbar machen. Da Kosten nicht unendlich optimiert werden können, ist die Strategie der Kostenführerschaft als alleinige Maßnahme beim „Kampf um den Konsumenten" nur bis zu einem bestimmten Maße verfolgbar. Oft wird sie daher durch Diversifizierung ergänzt – immer mit dem Ziel, das eigene Profil beim Konsumenten gegenüber Wettbewerbern, die in Angebot und Warenpräsentation ähnlich sind, zu schärfen.

Eine Maßnahme der Diversifizierungsstrategie kann es sein, sich auf hochwertige Qualitätsprodukte zu spezialisieren oder in bestimmten Bereichen ein breiteres und tieferes Sortiment als die Konkurrenz anzubieten.[210] Andere Instrumente können eine einheitliche

---

210 vgl. *Morschett* (2002), Seite 198 f.

Mitarbeiterbekleidung, die Raumgestaltung der Läden (z.B. in Farbe und Form der Verkaufsmöbel), ein besonders prägnantes Logo oder kommunikationsbezogene Elemente in Werbung und PR sein.[211]

Auch Lizenzthemen können zur Diversifizierung bei einem Handelsunternehmen beitragen: Sie machen nicht nur Produkte für den Endverbraucher attraktiver, sondern dienen auch dazu, sich als Händler von der Konkurrenz abzugrenzen, da bestimmte Lizenzprodukte, Aktionen zu einzelnen Lizenzthemen oder gar komplette Lizenzthemen auf Grund von exklusiven Deals mit einzelnen Lizenznehmern oder selbst abgeschlossenen Lizenzverträgen nicht bei den Mitbewerbern erhältlich sind. Die schon erwähnten Themen- bzw. Lizenzwelten, bei denen auf einer zentralen Präsentationsfläche viele Produkte zu einem (Lizenz-) Thema angeboten werden, sind Beispiele hierfür. Da diese Verkaufsflächen individuell zum Thema dekoriert werden, heben sie den Händler gegenüber Mitbewerbern, die keine derartige Präsentationsfläche haben oder andere Themen zur gleichen Zeit prominent bei sich platzieren, ab. Das Einkaufen wird für den Endverbraucher zum Erlebnis und er wird animiert, sich aktiv mit dem Lizenzthema und dessen Produkten zu beschäftigen – der Kaufanreiz wächst. Flankiert werden solche Themenwelten i.d.R. durch Werbemaßnahmen, die diese Aktionen besonders herausstellen – z.B. auf eigens dafür gestalteten Seiten innerhalb eines Werbeflyers oder mit eigenen Werbemitteln wie Radiospots, Zeitungsbeilagen oder sogar TV-Spots. Die Schwierigkeit auch für den Handel besteht darin, Themen für solche Lizenzwelten zu finden, die langfristig interessant genug für die Zielgruppe bleiben. Nur so lohnen sich Planung und Realisierung solcher Aktionen, die einen organisatorischen Vorlauf verlangen.[212] Häufig werden auch nur punktuell – z.B. in ausgewählten Filialen eines Handelsunternehmens – Endverbraucher-Events rund um Lizenzthemen durchgeführt. Da sie nur bei bestimmten Handelspartnern stattfinden, erzeugen sie eine hohe Aufmerksamkeit beim Endverbraucher. Dies kann ein gemeinsam mit der Lizenzagentur organisiertes „Meet & Greet" mit den Hauptdarstellern eines Kinofilms in verschiedenen Filialen oder eine Road Show inklusive themenbezogenem Showprogramm mit Stopps bei verschiedenen Handelspartnern sein.

Bei Direct-to-Retail-Kooperationen mit Lizenzthemen, die eventuell für einen überschaubaren Promotionzeitraum abgeschlossen werden, vertreiben Handelsbetriebe exklusiv an ihren Standorten selbst lizenzierte Lizenzprodukte. Der Händler tritt also selbst als Lizenznehmer auf. Beispiele: die *David Beckham*-Unterwäschekollektion bei *H&M* im Januar 2012.

Alle drei genannten Möglichkeiten der Abgrenzung von der Konkurrenz (Kostenführerschaft, Diversifikation, Direct-to-Retail-Lizenzierung) können über Lizenzthemen erfolgen und werden auch kombiniert durchgeführt, um eine maximale Aufmerksamkeit beim Kunden zu erzielen.

211 vgl. *Creusen/Eschemann/Müller-Seitz* in: *Schröder/Olbricht/Kenning/Evanschitzky* (2009), Seite 162-165
212 vgl. *Krause* in: *Böll* (2001), Seite 419

9 Weitere Helfer

Die „prominentesten" Akteure im Lizenzgeschäft sind die Lizenzgeber bzw. die für sie aktiven Agenturen und die Lizenznehmer. Sie alle bedienen sich einiger zusätzlicher „Helfer", die sie bei der erfolgreichen Vermarktung von Lizenzprodukten unterstützen. Die drei wichtigsten „Helfer" sind Hersteller, Werbeagenturen und Medienanwälte. Natürlich kann es im spezifischen Fall sein, dass sich Lizenzgeber oder -nehmer von weiteren Unternehmen und Freelancern unterstützen lassen – wie z.B. bei der Lizenzabrechnung. Des Weiteren verschwimmen oftmals die Aufgaben der einzelnen am Lizenzierungsprozess beteiligten Unternehmen oder sie sind von Fall zu Fall sehr unterschiedlich, so dass es keine klare Aufgabenverteilung gibt.

9.1 Hersteller

Nicht immer sind Lizenznehmer und Hersteller ein – und dasselbe Unternehmen. Viele Lizenznehmer arbeiten mit externen Firmen zusammen, die in ihrem Auftrag die Lizenzartikel produzieren, die sie dann unter eigenem Namen vertreiben.

Bei Herstellern kann unter rein externen Produktionsstätten und beratenden Herstellern unterschieden werden. Letztere produzieren nicht nur, sie unterstützen den Lizenznehmer auch aktiv dabei, die richtige Lizenz auszuwählen, die dazu passende Vermarktungsstrategie zu entwickeln und die Lizenzprodukte zu konzipieren. Manche dieser Hersteller verhandeln sogar den Lizenzvertrag zwischen Lizenzgeber und -nehmer. Solche Produzenten verfügen über eigene Lizenzexperten, die im Auftrag ihrer Kunden den Markt beobachten und Vorschläge machen, welche Lizenzthemen lohnend sind und eingekauft werden sollten.

Ein Unternehmen wie *Kellogg* stellt natürlich die Produktzugaben in seinen Frühstücks-Cerealien nicht selbst her, sondern kooperiert mit externen Herstellern. Diese beraten den Weltkonzern auch bei der Auswahl der Lizenzen und den Konzepten zur bestmöglichen Nutzung der Lizenzen bei ihren Produkten.

In einigen Fällen ist es notwendig, dass im Lizenzvertrag ausdrücklich festgehalten wird, dass ein Lizenznehmer die Produkte nicht selbst herstellt, sondern einen externen Dienstleister hierfür einsetzt. Dies ist besonders üblich bei namhaften internationalen Lizenzthemen, bei denen der Lizenzgeber strenge Regeln für die Produktionsbedingungen[213] definiert hat, an die sich natürlich auch ein externer Produzent zu halten hat.

---

[213] vgl. Kapitel 5.4.3 „Herstellung und Produktqualität"

9.2 Werbeagenturen

Sehr häufig lassen sich Marketing- und Werbeabteilungen von Unternehmen bei Werbung, Öffentlichkeitsarbeit und ihrem Marktauftritt von spezialisierten Agenturen unterstützen. Dies ist im Licensing nicht anders als bei der Vermarktung eines jeden anderen, nicht mit einem Lizenzthema markierten Produktes. Externe Werbeagenturen helfen sowohl bei der Entwicklung einer Strategie für den Marktauftritt wie auch bei der Konzeption der dafür benötigten Werbemittel. Da Lizenzthemen ein Teil dieses Auftritts sind, beraten sie vielfach auch bei der Auswahl der passenden Lizenzthemen für eine Kampagne oder sie unterstützen den Lizenzgeber bei der richtigen Strategie für den Aufbau und die Pflege seines Themas, Lizenzierungsstrategie für die Auswertung inklusive.

Dazu kommt, dass die Werbeagenturen auf Lizenzgeberseite oft auch in die Prozesse der grafischen Umsetzung von Lizenzprodukten eingebunden sind, da sie häufig die grafischen Elemente eines Lizenzthemas mitentwickeln oder diese gar federführend im Auftrag des Lizenzgebers betreuen. Es kann aber auch sein, dass für die Grafikaufgaben wiederum eine zusätzliche externe, darauf spezialisierte Agentur involviert ist.

Auf Lizenznehmerseite unterstützen Werbeagenturen den Auftritt am POS und sind dafür zuständig, durch Werbemittel und -aktionen die Aufmerksamkeit der Endverbraucher für ein Produkt zu gewinnen. Sie beraten unter Umständen auch den Lizenznehmer bei der Auswahl der richtigen Lizenz für die geplanten Aktivitäten. Zusätzlich ist es ihre Aufgabe, das eingekaufte Thema in Werbemittel für das Lizenzprodukt zu integrieren.

9.3 Rechtsberatung

Wie im Abschnitt über das rechtliche Umfeld des Lizenzgeschäfts[214] erwähnt, ist es für jeden, der sich im Lizenzgeschäft bewegt, dringend zu empfehlen, sich von branchenfirmen Medienanwälten beraten zu lassen. Lizenznehmer und Lizenzgeber sollten grundsätzlich nicht darauf verzichten.

Bei der Rechtsberatung geht es auf Seiten des Lizenzgebers vorwiegend um den richtigen und umfassenden Schutz seines Lizenzthemas. In diesem Zusammenhang kann es auch notwendig sein, Missbräuche bzw. die unautorisierte Nutzung seines Lizenzthemas rechtlich zu verfolgen. Des Weiteren hilft die Einschaltung eines Medienanwalts bei der Vergabe von Nutzungsrechten. Der Lizenzgeber verhindert so, dass er eventuell Rechte veräußert, die er gar nicht vergeben möchte, und stellt sicher, dass er die nötige Kontrolle über die Auswertung seines Lizenzthemas nur soweit in die Hände eines Lizenznehmers legt, wie er es tatsächlich vorhat.

214 vgl. Kapitel 4 „Rechtliche Grundlagen des Lizenzgeschäfts“

Für den Lizenznehmer sollte es bei der Konsultation eines Medienanwaltes in erster Linie um die Überprüfung des Lizenzvertrags gehen, der ihn unter Umständen bei der Entwicklung und Vermarktung der Lizenzprodukte zu stark einschränkt. Da in Lizenzverträge oft auch ein Passus zu Konventionalstrafen bei Verstößen integriert wird, ist es ratsam, besonders diese Regelungen überprüfen zu lassen.

Vor allen Dingen ist der Einsatz eines spezialisierten Rechtsberaters bei internationalen Lizenzkooperationen sinnvoll, da hier Rechtsvorschriften und Gebräuche unterschiedlicher Länder zum Tragen kommen und unter einen Hut zu bringen sind. Gerade US-amerikanische Lizenzverträge sind oft sehr umfangreich, kompliziert und regeln auch auf den ersten Blick vielleicht zu vernachlässigende Kleinigkeiten, so dass die Überprüfung durch einen Medienanwalt hier auf jeden Fall ratsam ist. Aber auch beim Abschluss eines Lizenzvertrags mit einer Lizenzagentur aus Deutschland können schnell internationale Vertragsgepflogenheiten aufkommen – etwa, wenn das zu verhandelnde Lizenzthema aus dem Ausland kommt und gewisse Vorgaben des ausländischen Lizenzgebers im deutschen Lizenzvertrag enthalten sind.

Anhang

Glossar

Abverkaufsfrist	Zeit, in der nach formalem Ablauf des Lizenzvertrags die noch an Lager befindlichen Produkte im Handel abverkauft werden dürfen; neue Produkte dürfen dann jedoch nicht mehr herstellt werden.
Added Value	Zusatznutzen, der ein Produkt noch attraktiver macht. Dies kann beispielsweise ein Lizenzthema sein, aber genauso ein Preisnachlass oder eine Produktzugabe (siehe Eintrag zu Premiums).
Agenturvertrag	Vertrag zwischen Lizenzgeber und Lizenzagentur
Approval	Freigabe eines Lizenzproduktes oder Werbemittels, i.d.R. durch den Lizenzgeber gemäß seiner Richtlinien für ein Lizenzthema. Diese Aufgabe des Lizenzgebers wird auch Brand Assurance genannt.
Artwork	Design, Gestaltungselemente eines Lizenzthemas, die meist im sogenannten Style Guide (vgl. Eintrag hierzu) festgehalten werden
Barter-Kooperation	gegenseitige Aufrechnung der Leistungen der Partner einer Kooperation (vorrangig Mediawerte), ohne dass monetäre Zahlungen zwischen den Partnern geleistet werden
Blockbuster	erfolgreicher Kinofilm
Box Office	Während in Deutschland der Erfolg von Kinofilmen anhand der Besucherzahlen gemessen wird, so wird international i.d.R. das Box-Office-Ergebnis, also das finanzielle Einspielergebnis in US-Dollar gemessen, als Vergleichsgröße herangezogen.
Brand	Marke
Brand Extension	Markenerweiterung durch Übertragung von Eigenschaften einer Marke/Lizenz z.B. auf eine neue Produktkategorie
Copyright-Vermerk	auch Legal Line; gemäß des Lizenzvertrags ist der Lizenznehmer i.d.R. verpflichtet, das Lizenzprodukt mit einem Hinweis auf den Rechteinhaber zu kennzeichnen.
Core Products	Kernprodukte; häufig werden so Produkte der für den Lizenzgeber wichtigsten Produktkategorien, aber auch dessen selbst hergestellte Produkte bezeichnet.
Cross Border Trade	grenzüberschreitender Handel

Cross Licensing	Verwendung von mehreren Lizenzen für ein Produkt, z.B. *LEGO Star Wars* Video Games
Deal Memo	siehe LOI (Letter of Intent)
Direct-to-Retail-Licensing	Vergabe eines Lizenzgebers direkt an den Handel, der selbst als Lizenznehmer auftritt und die lizenzierten Produkte exklusiv in seinen Filialen vertreibt
Fast Moving Consumer Goods (FMCG)	sich schnell verkaufende Konsumgüter des täglichen Bedarfs wie z.B. Lebensmittel, Produkte der persönlichen Hygiene
F.O.B (Free on Board)	Frei an Bord; Bezeichnung aus dem Bereich des Warentransports; bei Transporten mit dem Schiff (z.B. aus Asien) enthält der Preis der Ware häufig nur die Kosten bis zur Lieferung an Bord des Transportschiffes, alle anderen Kosten wie z.B. Transport ins Bestimmungsland oder Einfuhrzölle sind noch zu zahlen. Der F.O.B-Preis ist häufig Grundlage der Lizenzgebühren-Berechnung.
Flat Fee	Pauschalpreis, den i.d.R. ein Lizenznehmer an den Lizenzgeber oder dessen Agentur zahlt statt der sonst üblichen Garantiesumme und der Lizenzgebühren. Flat Fees sind u.a. üblich bei Promotions, die i.d.R. nur in einem begrenzten Zeitraum im Handel stattfinden.
Franchise	ein meist langfristig angelegtes Lizenzthema, das breit und i.d.R. international vermarktet wird und i.d.R. aus dem Kino- oder Video-Game-Bereich stammt, wie z.B. *Harry Potter* (*Warner Bros*) oder *Super Mario*
FSK	Die Freiwillige Selbstkontrolle der Filmwirtschaft ist eine Tochtergesellschaft der Spitzenorganisation der Filmwirtschaft (SPIO). Es besteht keine Pflicht zur Prüfung von Filmen für Kino und TV sowie für Video Games durch die FSK, jedoch haben sich die Mitglieder SPIO dazu verpflichtet, nur von der FSK kontrollierte Produktionen zu veröffentlichen. Basis der FSK-Prüfungen ist das Jugendschutzgesetz. Die FSK unterscheidet zwischen folgenden Altersfreigaben, die auf den Covern der geprüften Medien aufgebracht werden müssen: FSK 0, FSK 6, FSK 12 und FSK 18. Die FSK-Gutachten sind verbindliche Vorgaben für die Kinobetreiber.
Garantiesumme	siehe Minimumgarantie
Guarantee Sum	siehe Minimumgarantie

Handelsmarke	siehe Private Label
Hangtag	Anhänger oder Etikett, auf dem bei lizenzierten Produkten i.d.R. der Copyrightvermerk zu finden ist
HAP	Handelsabgabepreis
Haushaltsführende Personen (HFF)	HFF verrichten den überwiegenden Teil der Hausarbeit (in Zusammenhang mit Kinder-TV-Serien ist es ein Elternteil, das häufig mit den kleineren Kindern zusammen vor dem Fernseher sitzt) und werden insbesondere in Zusammenhang mit der Erfassung von TV-Quoten für Kinderprogramme als Bezugsgröße herangezogen, da sie die Wertigkeit eines Programmes unterstützen.
In-Pack-Promotion	Kooperation, bei der beispielsweise Spielzeuge in den Verpackungen eines Partners beigelegt werden (siehe auch Promotion)
Involvement	Engagement des Konsumenten, mit dem er sich einem Angebot zuwendet
IP (Intellectual Property)	geistiges Eigentum, absolute Rechte an immateriellen Gütern. Inhaber einer IP ist z.B. der Anmelder eines Patents oder der Schöpfer eines urheberrechtlichen Werks.
Key Categories	wichtigste Lizenzprodukt-Kategorien wie z.B. bei Kinderlizenzthemen: Spielwaren und Publishing
Lead Time	Vorlaufzeit für ein Lizenzprodukt: von der Unterzeichnung des Lizenzvertrags bis hin zur Auslieferung des Produktes an den Handel
Licensee	siehe Lizenznehmer
Licensee Summit	Lizenznehmer-Treffen, zu denen viele Lizenzgeber und/oder Lizenzagenturen ihre Lizenznehmer sowie zum Teil auch Handelsvertreter und potenzielle Lizenznehmer einladen, um Neuigkeiten rund um ihre Lizenzthemen vorzustellen.
Licensing in	Einkauf eines Lizenzthemas durch einen Lizenznehmer
Licensing out	Verkauf bzw. Lizenzierung eines Lizenzthemas durch einen Lizenzgeber an Lizenznehmer
Licensor	siehe Lizenzgeber
Live Action	Film, der mit echten Schauspielern gedreht wird

Lizenzgeber Inhaber eines Lizenzthemas, von dem ein Lizenzthema erworben werden kann

Lizenzgebühren Lizenzzahlung des Lizenznehmers an den Lizenzgeber bzw. dessen -agentur, die entweder pro verkauftem Stück, als Anteil vom Umsatz oder pauschal bezahlt wird, meist viertel- oder halbjährlich

Lizenznehmer Unternehmen, das eine Lizenz für die Nebenrechtsverwertung eines Lizenzthemas von dem Lizenzgeber selbst oder einer von diesem beauftragen Agentur erwirbt

LOI (Letter of Intent) Absichtserklärung, häufig Vorstufe eines Lizenzvertrags, in der die wichtigsten Eckdaten einer Kooperation zusammengefasst werden, die dann en détail von den Anwälten zu einem Lizenzvertrag ausverhandelt werden

Marketing-Pool gemeinsamer Pool der Lizenznehmer eines Themas, die in diesen einzahlen, um gemeinsame Marketingaktionen für das Lizenzthema zu finanzieren. Die Höhe der Beiträge wird häufig in den Lizenzverträgen festgelegt, meist ist sie ein bestimmter prozentualer Betrag, der sich anhand der zu zahlenden Lizenzgebühren errechnet und der zusätzlich zu den Lizenzgebühren zu entrichten ist.

Master Toy Licensee Lizenznehmer für meist mehrere Produkte aus der Kategorie Spielzeug; im Bereich der Kinderlizenzthemen ist der Master Toy Licensee wichtig aufgrund seiner Außenwirkung.

Minimumgarantie Vorauszahlung auf einen Anteil der zu erwartenden Lizenzgebühren des Lizenznehmers

NLVP Netto-Laden-Verkaufspreis; häufig die Basis für die Berechnung von Lizenzgebühren bei (in Deutschland) preisgebundenen Produkten wie Büchern und Zeitschriften

On-Pack-Promotion Kooperation, bei der beispielsweise CDs auf die Verpackungen des Partners aufgebracht werden

Packaging Konfektionierung und/oder Verpackung

Pan-European europaweit (z.B. Lizenzierung)

Pester Power engl. Begriff, der die „Macht“ von Kindern beschreibt, Erwachsene beim Kauf von Produkten zu beeinflussen, indem sie danach „quengeln“. Die Pester Power wird von Unternehmen häufig gezielt durch auf Kinder abgestimmte Werbung angesprochen, mit der auf ihr Nachfrageverhalten eingewirkt werden soll.

PG (Parental Guidance) Amerikanisches Pendant zur deutschen FSK (siehe Eintrag), das durch die Motion Picture Association of America (MPAA) eingeführt wurde. Auch sie unterscheidet zwischen verschiedenen Altersfreigaben, die jedoch detaillierter sind als die der FSK.

Premiums auch Gimmick, im Licensing-Kontext: Produktzugabe, häufig werden lizenzierte Produkte vor allem im Lebensmittelbereich zugegeben, um dieses aufzuwerten, wie z.B. *McDonald's Happy Meal*-Spielzeuge.

Pre-School-Kids Vorschulkinder (drei bis fünf Jahre)

Prequel Handlung, die vor der eines bereits veröffentlichten Stoffes spielt. Prominentes Beispiel: die drei neueren *Star Wars*- Kinofilme, die 16 Jahre nach dem letzten Film der ursprünglichen *Star Wars*-Trilogie in die Kinos kamen und die Geschichte von *Star Wars* vor diesen drei ersten Kinoabenteuern erzählen.

Private Label Handelsmarke; eigens für Handelsunternehmen erstelltes und mit eigenem Markennamen versehenes Produkt. Andere Begriffe für Private Label: Handelsmarke, Eigenmarke oder Retail Brand.

Product Management/ Product Manager siehe Brand Management/Brand Manager

Product Placement Gezielte Platzierung eines Produktes in einem Film oder einer TV-Serie als Teil der Handlung oder auch in journalistischen Artikeln mit Werbebotschaft

Promotion auch: Sales Promotion Im Sinne des Licensing eine auf den Endverbraucher gerichtete Aktion im Handel entweder mit dem Handelspartner selbst oder mit einem Hersteller. Diese Aktionen sind i.d.R. zeitlich begrenzt und beziehen Lizenzthemen ein wie z.B. eine *Bob der Baumeister* Bastelaktion bei einem Handelspartner oder ein *Wickie-Happy Meal* bei *McDonald's*.

Property Lizenzthema

Proposal Angebot eines potenziellen Lizenznehmers mit den Eckdaten zu seinem Unternehmen sowie zu den geplanten Lizenzprodukten (Art, Anzahl, Auflage, Vertriebskanäle, Einkaufs- und Verkaufspreise

Rechteinhaber siehe Lizenzgeber

Recouping	Refinanzierung/Erreichen der Minimumgarantie (gemäß Lizenzvertrag) durch den Abverkauf von Lizenzprodukten und die daraus errechneten Lizenzgebühren
Retail	Handel, Handelsunternehmen
Retail Brand	siehe Private Label
Royalties	siehe Lizenzgebühren
Sales Management/ Sales Manager	Abteilung bzw. Mitarbeiter bei einem Lizenzgeber oder einer Lizenzagentur, die für die Akquise von Lizenznehmern zuständig sind und die Lizenzverträge verhandeln. Meist sind die einzelnen Sales Manager auf unterschiedliche Produkt- Kategorien (engl. Categories) spezialisiert und werden daher auch als Category Manager bezeichnet.
Sell-off Period	Ausverkaufs- bzw. Abverkaufsfrist
Sequel	Fortsetzung z.B. eines Kinofilms
SKU	Stock Keeping Unit, die eindeutige Bezeichnung einer Variante eines Artikels wie z.B. die Artikelnummer
Store Traffic	Kundenfrequenz im Geschäft
Testimonial	Einsatz einer bekannten Person, die sowohl real als auch fiktiv (z.B. eine Comicfigur) sein kann, die für ein Produkt oder eine Dienstleistung oder eine Institution wirbt. Testimonials dienen dazu, glaubwürdig für die Nutzung des bewerbenden Gegenstands zu stehen. Sie werden in Presse, Funk oder Fernsehen platziert. Es geht meist um ihre Bekenntnis zum Produkt. Es werden auch Produktpräsentationen oder eigens gelaunchte Presseartikel mit z.B. Interviews über das Testimonial dazu verwendet, um positiv über das zu bewerbende Produkt zu sprechen.
Tooling	Einrüstung von Produktionsmaschinen
Turn-Around	360°-Darstellung einer Figur, die z.B. notwendig ist für die Herstellung von Plüschtieren. Heutzutage entstehen Turn-Arounds meist am Computer, und es ist auch möglich, zweidimensionale Zeichnungen in dreidimensionale Figuren zu übertragen.
Young Adults	Zielgruppe Jugendliche, 15/16 Jahre bis ca. 25 Jahre

Quellenverzeichnis

ABSATZWIRTSCHAFT (2009), Lizenzmarken als gefeierte Stars (Ausgabe 3/ 2009), Düsseldorf.

AHLERT, D./KENNING, P./SCHNEIDER, D. (2000), Markenmanagement im Handel – Von der Markenführung zum integrierten Markenmanagement in Distributionsnetzen, Wiesbaden.

AHLERT, D./KOLLENBACH, S./KORTE, C. (1996), Strategisches Handelsmanagement – Erfolgskonzepte und Profilierungsstrategien am Beispiel des Automobilhandels, Stuttgart.

AHLERT, D./OLBRICHT, R./SCHRÖDER, H. (Hrsg., 2004), Internationalisierung von Vertrieb und Handel – Jahrbuch Vertriebs- und Handelsmanagement 2004, Frankfurt am Main.

BATTERSBY, G.J./SIMON, D. (2010), Basics of Licensing – How to extend Brand or Entertainment Properties for Profit, Norwalk.

BEA, F.X./DICHTL, E./SCHWEITZER, M. (1994), Allgemeine Betriebswirtschaftslehre – Bd. 3: Leistungsprozess, Stuttgart.

BÖLL, K. (Hrsg., 2001), Handbuch Licensing, Frankfurt am Main.

BÖLL, K. (1996), Merchandising – Die neue Dimension der Verflechtung zwischen Medien und Industrie, München.

BÖLL, K. (1999), Merchandising und Licensing – Grundlagen, Beispiele, Management, München.

BROOKE, M.Z./SKILBECK, J.M. (1994), Licensing – The international Sale of Patents and Technical Knowhow, Brookfield.

CASEY, B. (2010), Avatar raises the Bar. Zugriff: www.licensemag.com/licensemag/Entertainment/Avatar-Raises-the-Bar/ArticleStandard/Article/detail/655584?contextCategoryId=47729 (03.04.2010).

CHOURAQUI, N./WAYS, S. (2003), Au Pays des Licences, Paris.

CONLAN, T. (2010), The Simpsons is top TV brand of all time, says survey. Zugriff: www.guardian.co.uk/media/2010/sep/22/the-simpsons-merchandising (24.09.2010).

ECK, S. (2010), Harald Glööckler, Nackt durch die Wüste. Zugriff: http://www.wuv.de/nachrichten/unternehmen/harald_gloeoeckler_nackt_in_der_wueste (09.07.2010)

ELLER, C./ CHMIELEWSKI, D.C. (2010) ,Pixar, with 'Toy Story 3,' shows increasing reliance on sequels. Zugriff: http://articles.latimes.com/2010/jun/17/business/la-fi-ct-toystory-20100617 (18.06.2010)

ENGH, M. (2006), Popstars als Marke – Identitätsorientiertes Markenmanagement für die musikindustrielle Künstlerentwicklung und -vermarktung, Wiesbaden.

ESCH, F.-R. (Hrsg., 2005), Moderne Markenführung – Grundlagen, Innovative Ansätze, Praktische Überlegungen, Wiesbaden.

ESCH, F.-R. (2006), Wirkung integrierter Kommunikation – Ein verhaltenswissenschaftlicher Ansatz für die Werbung, Wiesbaden.

FEINDOR-SCHMIDT, U. (2009): Rechtliche Grundlagen des Lizenzgeschäfts. Vortrag auf „LIMA Tag der Lizenzen am 04.11.2009", München.

HALEK, P. (2009), Die Marke lebt! Das All-Brand-Concept – Die Marke als Kern nachhaltiger Organisationsführung, Wien.

HEINRICHS, W./SCHÄFER, H. (Hrsg., 1999), Merchandising und Licensing in Kulturbetrieben, Stuttgart.

JANOTTA, A. (2010), Armani eröffnet erstes Hotel unter seiner Marke. Zugriff: www.wuv.de/nachrichten/unternehmen/armani_eroeffnet_erstes_hotel_unter_seiner_marke (27.04.2010)

KAZACHOK INTERNATIONAL LICENSING MAG' (2009), Der Lizenzmarkt in Deutschland (Ausgabe October-December 2009), Issy des Moulineaux.

LICENSE! GLOBAL (2011), Top 125 Global Licensors (Ausgabe: May 2011), Woodland Hills.

LICENSEMAG.COM (2010), Iconix acquires United Media Licensing, Peanuts. Zugriff: www.licensemag.com/licensemag/Character/Iconix-Acquires-United-Media-Licensing-Peanuts/Article Standard/Article/detail/667101 (27.04.2010)

LIMA REPRÄSENTANZ DEUTSCHLAND (2009), LIMA Deutschland: Aussichten 2009. Zugriff: www.lizenzbranche.de//DocPage.aspx?IzmLang=7&DID=9552&DIA=9552&CMP=752&OPS=24&LUR=http%3a%2f%2fwww.lizenzbranche.de%2f%2fNewsPage.aspx%3fIzmLang%3d7%26CMP%3d752%26LPS%3d20%26& (19.08.2009).

LISANTI, T. (2010), Sanrio keeps on smiling in: License Global! (Ausgabe: August 2010), Woodland Hills.

LUCCI, PAOLO (2010), Brand Jam – Brand Extension e Licensing. Moltiplicare i valori di marca facendo und sacco di soldi, Mailand

MARTHA STEWART LIVING OMNIMEDIA INC. (2010), Company Overview: Zugriff: http://phx.corporate-ir.net/phoenix.zhtml?c=96022&p=irol-homeprofile (17.09.2010).

MATTEL PRESSEMITTEILUNG (2007) Mattel kündigt Rückruf von Spielzeugen an. Zugriff: www.mattel.de/spielzeug/presseinformation/Mattel_kuendigt_erweiterten_Rueckruf_von_Spielzeugen_an/1187100363/y (29.11.2009).

MEFFERT, H./BURMANN, C./KIRCHGEORG, M. (2008), Marketing – Grundlagen marktorientierter Unternehmensführung, Wiesbaden.

MEFFERT, H./BURMANN, C./KOERS, M. (Hrsg., 2005), Markenmanagement – Identitätsorientierte Markenführung und praktische Umsetzung, Wiesbaden.

MEYER, M.F. (2003), Character Merchandising – Der Schutz fiktiver Figuren, Frankfurt am Main.

MIELKE, J./SCHRÖDER, M. (2010), Avatar: Goldrausch auf Pandora. Zugriff: www.tagesspiegel.de/wirtschaft/Avatar;art271,3013127 (28.01.2010).

MOLARO, R. (2004), United Colors of Benetton makes a splash with its North American licensing program. Zugriff: www.licensemag.com/licensemag/Fashion/Bright-Spots/ArticleStandard/Article/detail/109679 (02.04.2010).

MORSCHETT, D. (2002), Retail Branding und Integriertes Handelsmarketing, Wiesbaden.

MULTIVU.PRNEWSWIRE.COM (2011), EMP | SFM and Twentieth Century Fox Consumer Products Announce Global Premiere of AVATAR: The Exhibition Scheduled to Open in Seattle on June 4, 2011. Zugriff: http://multivu.prnewswire.com/mnr/empsfm/47434/ (15.01.2012)

OLINS, W. (2004), Marke, Marke, Marke – Den Brand stärken, Frankfurt am Main.

PECK, S. (2010): Celebrity Fashion Lines. Zugriff: www.forbes.com/2010/07/06/celebrity-fashion-lines-lifestyle-style-clothing.html (11.07.2010).

PEPELS, W. (2002), Marketing-Lexikon, München.

RAUGUST, K. (1995), Merchandise Licensing in the Television Industry, Woburn.

RAUGUST, K. (2008), The Licensing Business Handbook, New York.

SALDSIEDER, K.A. (2008) Erfolgsfaktoren des Licensing in der Spielwarenindustrie, München.

SCHÄFER, T. (2003), Licensing und Merchandising, Düsseldorf.

SCHINDLER, N. (2008), Die Rolle der Markenpersönlichkeit für die kommunikative Führung einer Marke – Eine Analyse aus systemanalytischer Perspektive, Wiesbaden.

SCHNECK, O. (2007), Lexikon der Betriebswirtschaft, München.

SCHRÖDER, H./OLBRICH, R./KENNING, P./EVANSCHITZKY, H. (Hrsg., 2009), Distribution und Handel in Theorie und Praxis, Wiesbaden.

SIEGERT, G. (2001), Medien Marken Management: Relevanz, Spezifika und Implikationen einer medienökonomischen Profilierungsstrategie, München.

SPIEGEL.DE (2006), McDonald's und Disney stoppen Kooperation. Zugriff: www.spiegel.de/wirtschaft/0,1518,415272,00.html (22.11.2009).

SPIELZEUG INTERNATIONAL (2010), Lizenz Power Rangers zurückgekauft (Ausgabe Juni/Juli 2010), Ebermannstadt.

SUEDDEUTSCHE.DE (2010), Kinderbuchautor Janosch – Tag der toten Ente. Zugriff: www.sueddeutsche.de /kultur/793/508931/text/ (23.04.2010).

SZALAI, G. (2010), ‚Avatar' merchandise strategy going long-term. Zugriff: www.hollywoodreporter.com/hr/content_display/film/news/e3i773194c18528fcf706c 1dd8374e289d9 (16.06.2010)

TLL – THE LICENSING LETTER (2009), Emerging Territories Grow in 2008, But Worldwide Retail Sailes Down: in TLL – The Licensing Newsletter (Vol. XXXIII, No. 5 - März 2009), New York.

TOTAL LICENSING (2010), Raft of Deals from Lazytown (Ausgabe: Summer 2010), Wadhurst.

VOGUE.CO.UK (2009), The Designers' Doll. Zugriff: www.vogue.co.uk/celebrity-photos/090109 -barbies-designer-loo (29.11.2009).

WIKIPEDIA.DE (2011), Power Rangers. Zugriff: http://de.wikipedia.org/wiki/Power_Rangers (26.12.2011).

WIKIPEDIA.DE (2009), Die Simpsons. Zugriff: http://de.wikipedia.org/wiki/Die_Simpsons (01.11.2009).

WWF.DE (2008), Krombacher Regenwald-Projekt 2008 erfolgreich abgeschlossen. Zugriff: www.wwf.de/kooperationen/krombacher/ (23.10.2010).

ZATLOUKAL, G. (2002), Erfolgsfaktoren von Markentransfers, Wiesbaden.

Index

Autorin und Co-Autorin

Stefanie Brandt

Stefanie Brandt ist Verlagskauffrau und Diplom Buchhandelswirtin. Sie begann ihre berufliche Karriere nach dem Studium an der *HTWK-Hochschule für Technik, Wirtschaft und Kultur* in Leipzig als Product Manager bei der Lizenzagentur *Bavaria Sonor* (u.a. *Janosch, Sendung mit der Maus, Milka, Playmobil*), einem Tochterunternehmen der *Bavaria Film* in Geiselgasteig bei München. Dort war sie sowohl für Lizenznehmer-Akquise in der Produktkategorie Publishing als auch für Marketing und Produktfreigaben für zahlreiche Lizenzthemen verantwortlich. Im Anschluss folgte eine Anstellung als Marketing-Referentin bei den *SOS-Kinderdörfern weltweit*, wo sie maßgeblichen Anteil am Aufbau der Lizenz- und Sponsoring-Aktivitäten dieser gemeinnützigen Organisation hatte. Sie akquirierte zahlreiche namhafte Sponsoren und Lizenznehmer und entwickelte hierfür auch die Kooperationskonzepte. Schließlich wurde Stefanie Brandt Lizenzeinkäuferin bei der deutschen Dependance der Promotionagentur *Creata (Germany)*, die weltweit u.a. für den Fast-Food-Riesen *McDonald's* Spielzeuge für dessen *Happy Meal* entwickelt und herstellt.

2008 gründete Stefanie Brandt ihre eigene *Agentur Brandtsatz* (www.brandtsatz.de), die auf die Vermarktung von Lizenzthemen sowie auf Cross-Marketing spezialisiert ist. Des Weiteren berät sie Unternehmen beim Auf- und Ausbau ihres Lizenzgeschäfts und schreibt Fachbeiträge über Licensing.

Im Mai 2011 veröffentlichte Stefanie Brandt das Fachbuch „Marketinghandbuch Licensing – Brands und Lizenzthemen professionell vermarkten" beim *Gabler Verlag*, bei dem sie ebenfalls von Dr. Ursula Feindor-Schmidt unterstützt wurde.

Ursula Feindor-Schmidt

Dr. Ursula Feindor-Schmidt, LL.M. ist seit 1998 für *Lausen Rechtsanwälte* tätig, und seit 2009 ist sie Partnerin der Münchner Kanzlei. Nach dem Abschluss ihres LL.M.-Programms in Großbritannien mit dem Schwerpunkt „Intellectual Property Law" und ihrer Promotion im Lizenzrecht spezialisierte sie sich auf die anwaltliche Beratung im Bereich des Urheber-, Marken- und Wettbewerbsrechts sowie im Presse- und Verlagsrecht.

Erfahrung in der internationalen Entertainment-Branche konnte Dr. Ursula Feindor-Schmidt während ihrer Tätigkeit für medienrechtlich orientierte Kanzleien in Sydney und Los Angeles sammeln.

Frau Dr. Feindor-Schmidt hält Vorträge und Seminare in ihrem Schwerpunktbereich und veröffentlicht regelmäßig in Branchenpublikationen. Sie ist Fachanwältin für Urheber- und Medienrecht.